UG NX5.0 模具设计范例教程

（第2版）

张兴华　钟更进　胡　蓉　主编

北京理工大学出版社
BEIJING INSTITUTE OF TECHNOLOGY PRESS

内 容 简 介

　　随着中国经济的持续增长，中国制造产品在世界市场中所占据的比例也越来越高，航空、汽车、机械、五金、模具、家电、电子、通讯等行业的投入不断提高，对相关领域的人才需求也不断地增加。UG 作为 CAD/CAE/CAM 行业内的领导者之一，广泛应用于各种制造领域，其模块众多，尤其模具设计模块是业内最好的设计工具之一。本书由 UG 进行模具设计的一线工程师精心编著，以实例的形式讲解了如何应用 UG 进行模具设计。作者希望可以帮助国内的初学者更好更快地掌握世界顶尖级的模具设计软件的使用技巧并将之应用于实际工作中。

版权专有　侵权必究

图书在版编目（CIP）数据

UG NX5.0 模具设计范例教程／张兴华，钟更进，胡蓉主编．—2 版．
—北京：北京理工大学出版社，2012.11
ISBN 978 - 7 - 5640 - 6968 - 1

Ⅰ．①U… 　Ⅱ．①张… ②钟… ③胡… 　Ⅲ．①模具 - 计算机辅助设计 - 应用软件 - 高等学校 - 教材 　Ⅳ．①TG76 - 39

中国版本图书馆 CIP 数据核字（2012）第 256685 号

出版发行 /	北京理工大学出版社
社　　址 /	北京市海淀区中关村南大街 5 号
邮　　编 /	100081
电　　话 /	(010) 68914775（办公室）　68944990（批销中心）　68911084（读者服务部）
网　　址 /	http：//www.bitpress.com.cn
经　　销 /	全国各地新华书店
印　　刷 /	天津紫阳印刷有限公司
开　　本 /	787 毫米×1092 毫米　1/16
印　　张 /	17.25
字　　数 /	392 千字
版　　次 /	2012 年 11 月第 2 版　　2012 年 11 月第 1 次印刷
定　　价 /	44.00 元

责任校对 / 陈玉梅
责任印制 / 吴皓云

图书出现印装质量问题，本社负责调换

前　言

UG 软件简介

Unigraphics（简称 UG）是 UGS 公司开发的旗舰产品，现已成为世界一流的集成化机械 CADCAECAM 软件，被多家世界著名公司选定为企业计算机辅助设计、分析和制造的标准，广泛应用于航空航天、汽车制造、造船、机械制造、电子电器、消费品行业，在全球有 47 000 个客房，装机量达 440 万套。

UG NX5 实现了包括无约束设计、主动数字样机和 NX 自定多项技术革新，提供更多的灵活性、协调性以及更高的生产力。此外，UG NX5 把 CAD/CAE/CAM 无缝集成到一个一体化的开放环境中，为客户提供了崭新且更直观的用户界面和更强劲的创新效能。

本书的编写目的

随着中国经济的持续增长，中国制造产品在世界市场中所占据的比例也越来越高，航空、汽车、机械、五金、模具、家电、电子、通讯等行业的投入不断提高，对相关领域的人才需求也不断地攀升。UG 作为 CAD/CAE/CAM 行业内的领导者之一，广泛应用于各种制造领域。其模块众多，尤其模具设计模块是业内最好的设计工具之一，但是国内优秀的学习资料甚少。本书由一线工程师精心编著，以实例的形式讲解了如何应用 UG 进行模具设计，希望可以帮助国内的初学者更好更快地掌握世界顶尖级的模具设计软件的使用技巧并应用于实际工作中。

本书内容特色

（1）涵盖面广

系统涵盖了 UG NX5 软件在模具设计中的全部基础操作。

（2）实战性强

由国内从事 UG 专业模具设计工作的一线资深工程师精心编著，实例中蕴含多年实战经验和设计技巧。

（3）高效速成

精选模具设计范例，将设计理论融于实例操作，再加以工程师点拨，使读者操作起软件来更熟练、更高效。

（4）视频教学

附赠光盘中收录了专家模具设计视频教学，使读者跟随专家进行深入体会操作细节，以更直观的方式提高学习效率，手把手教会读者。

适用读者群

（1）工业与机械设计相关专业本科、大专、中专院校的师生；

（2）模具设计相关专业的工程技术人员；

（3）参加相关模具产品设计培训的学员；

（4）想快速掌握 UG 软件操作并用于实际模具设计的读者朋友。

本书由张兴华、钟更进、胡蓉任主编，全书由张兴华统稿，博士生导师阎勤劳教授对全书作了审阅。本书在编写过程中，得到了张晓东、汪菊英、李佛锋、黄国君、林荣、张香赟、刘锦强、仇志雄、肖广声、黄承志、符海平、卢家金、谢铁建、吴惠文、曾奇剑、杨宜德、林伟才的支持与帮助，在此表示感谢。

本书力求严谨细致，但限于时间仓促，书中难免出现疏漏与不妥之处，敬请阅读本书的专家和读者朋友批评指正。

编　者

目　　录

第1章

游戏机手柄模具设计范例

1.1 范 例 分 析

本章选用游戏机手柄作为模具设计的实例。重点介绍 UG 的 Moldwizard 模具设计的基本功能以及基本的模具设计思维方式，完成后的模具如图 1–1 所示。

图 1–1

1.2 学 习 要 点

（1）建立分型线。
（2）建立分型面。

1.3 设 计 流 程

（1）创建新工作文件夹，设置工作目录和新建 UG 文件。
（2）调入参考模型。
（3）设置模具坐标系统。
（4）创建工件。
（5）用模具工具补孔。
（6）创建分型线和分型面。

（7）产生型芯和型腔。

1.4 设 计 演 示

1.4.1 调入参考模型

（1）双击桌面的 UG NX5.0 快捷方式图标，或单击"开始"→"程序"→"UG NX5.0"→"NX5.0"，打开程序，如图 1-2 所示。

（2）单击菜单栏中的 文件(F) 按钮，选择其子菜单中的"打开"按钮，如图 1-3 所示。

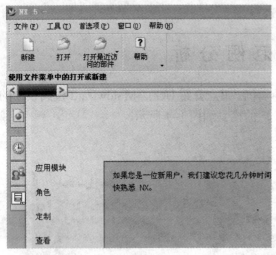

图 1-2

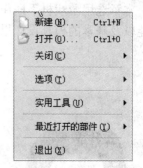

图 1-3

（3）当系统弹出"打开部件文件"对话框时，选择 GAMECTRL 文件夹为查找范围，选中 MDP_GAMECTRL.prt 文件，接着单击"OK"按钮，如图 1-4 所示（或者按 按钮也可以打开文件）。

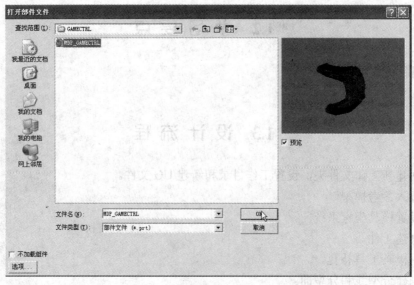

图 1-4

（4）完成以上的步骤，便可将参考模型调入到 UG 软件中进行使用。

1.4.2 项目初始化

（1）单击菜单栏的 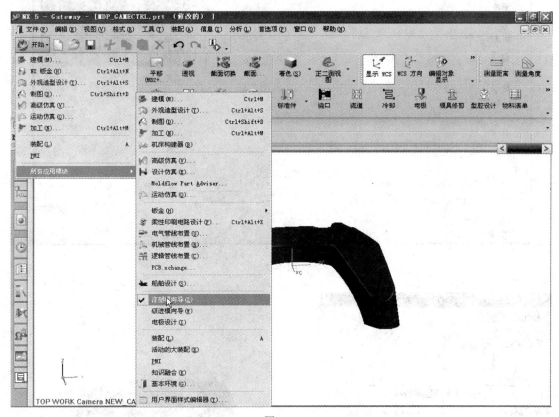 开始 按钮，在子菜单中选择"所有应用模块"，再选择"注塑模向导"功能，如图 1–5 所示。

图 1–5

（2）系统弹出"注塑模向导"的工具栏，如图 1–6 所示。

图 1–6

（3）单击"注塑模向导"工具条中的 按钮，接着在所弹出的"打开部件文件"对话框中选择文件夹为查找范围，选中 MDP_GAMECTRL.prt 文件，接着单击"OK"按钮，如图 1–7 所示。

（4）在弹出的"项目初始化"对话框中，选择"部件材料"为"ABS"，此时系统会自动选择"收缩率"为"1.0060"，完成后按下"确定"按钮，完成部件的项目初始化，如图 1–8 所示。

（5）完成以上步骤，便完成部件的项目初始化，如图 1–9 所示。

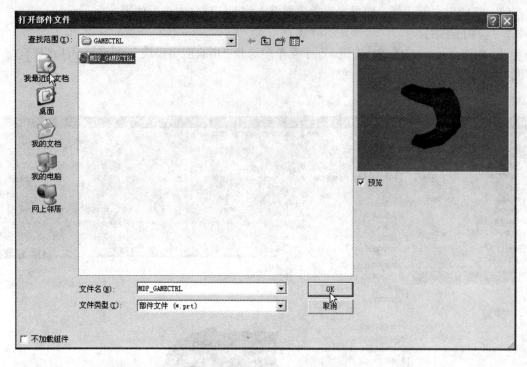

图 1-7

图 1-8

图 1-9

1.4.3 设置模具坐标系统

（1）首先要调整好模具坐标系的位置。选择菜单栏中的"格式"→"WCS"→"原点"命令，此时系统会弹出"点构造器"对话框，基点的参数需要根据具体情况设定，然后单击"确定"按钮，如图 1-10 所示（注意：Z 轴一般指向模具的开模方向）。

（2）单击"注塑模向导"工具条中的 按钮，弹出"模具坐标"对话框，设置参数，然后按下"确定"按钮，锁定坐标系在工件上的位置，如图 1-11 所示。

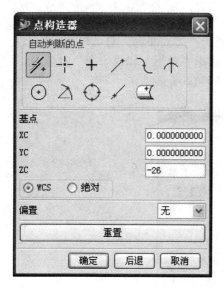

图 1-10

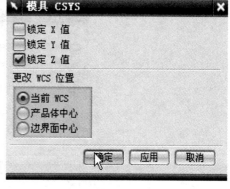

图 1-11

1.4.4 创建工件

（1）单击"注塑模向导"工具条中的 按钮，弹出"工件尺寸"对话框，选择"标准长方体"，在复选框中，选择定义式为"距离容差"。

（2）在工件尺寸中尺寸输入区的参数，根据具体情况来设定，默认值也可以，如图 1-12 所示。

（3）单击"工件尺寸"对话框中的"应用"按钮，系统运算后得到工件，如图 1-13 所示。

（4）单击"工件尺寸"对话框中的"取消"按钮，完成工件的创建。

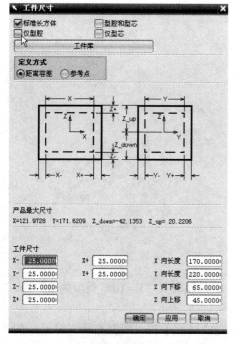

图 1-12

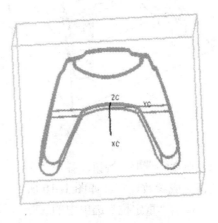

图 1-13

1.4.5 型腔布局

（1）单击"注塑模向导"工具条中的 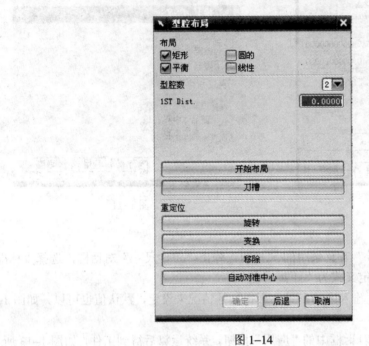 按钮，弹出"型腔布局"对话框。

（2）设置"型腔布局"对话框，"布局"选项中选择"矩形"和"平衡"复选框，"型腔数"设置为"2"，"IST Dist"选项设置为"0"，如图 1-14 所示。

图 1-14

（3）单击 开始布局 按钮，选择布局的方向，系统自动布局，如图 1-15 所示。

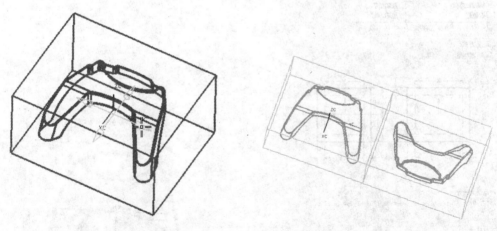

图 1-15

（4）单击 刀槽 按钮，弹出"刀槽"设置对话框，设置其"R=10，类型为 2"，按"确定"按钮完成参数设定，如图 1-16 所示。

（5）单击"重定位"选项中的 自动对准中心 按钮，完成以后单击"型腔布局"对话框的"取消"按钮，完成型腔布局，如图 1-17 所示。

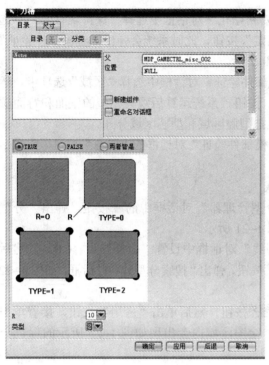

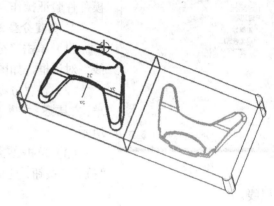

图 1-16 图 1-17

1.4.6 分型

1. 塑模部件的验证

（1）单击"注塑模向导"工具条中的 █ 按钮，弹出"分型管理器"对话框，如图 1-18 所示。

（2）单击"分型管理器"对话框中的 ◿ 按钮，弹出"区域和直线"对话框，如图 1-19 所示。

图 1-18 图 1-19

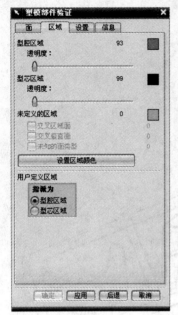

图 1-20

（3）在"MPV 初始化"对话框中选择"保持现有的"单选框，然后单击"确定"按钮，此时系统会弹出"塑模部件验证"对话框，如图 1-20 所示。

（4）在"塑模部件验证"对话框中选择"区域"选项卡，然后单击 设置区域颜色 按钮。系统运算后观察模型的正面和背面颜色，此时系统已经把型腔区域和型芯区域分开。

（5）单击"塑模部件验证"对话框的"取消"按钮，完成塑模部件验证操作。

2. 创建分型线

（1）单击"分型管理器"对话框中的 按钮，弹出"分型线"对话框，如图 1-21 所示。

（2）在"分型线"对话框中设置"公差"为"0.01"，然后单击 自动搜索分型线 按钮，弹出"搜索分型线"对话框，如图 1-22 所示。

（3）单击 选择体 按钮，然后单击"应用"按钮，接着单击"确定"按钮。此时绘图区域内会出现如图 1-23 所示的绿色分型线。

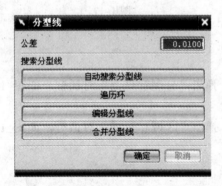

图 1-21

图 1-22

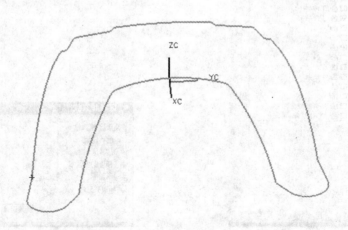

图 1-23

（4）单击系统弹出"分型线"对话框，单击"确定"按钮，完成分型线的创建。

3. 分型线分段

（1）单击"分型管理器"对话框中的 按钮，系统弹出"分型段"对话框，如图1-24所示。

（2）选择"过渡对象"中的 按钮，添加转换点，对分型线进行分段。选中某线段的短点，单击左键，出现一绿色正方体，然后压中键进行确定，此时正方体变成一个点，如图1-25所示。

（3）在分型线有起伏或拐弯的地方进行分段，以便分型面的建立，其他地方则没有必要去分段。

（4）然后单击"分线段"对话框中的"取消"按钮，完成分型线的分段。

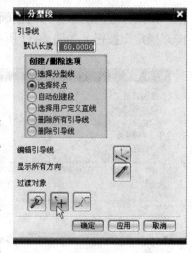

图1-24

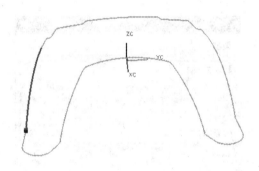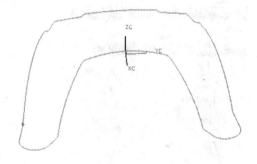

图1-25

4. 创建分型面

（1）单击"分型管理器"对话框中的 按钮，弹出"创建分型面"对话框，如图1-26所示。

图1-26

（2）在"创建分型面"对话框中设置"公差"为"0.01"，"距离"为"60"，然后按下 按钮。

（3）弹出"分型面"对话框，选择"拉伸"选项，如图1-27所示。分型线会有一段呈红色，此部分为要编辑分型面的部分，如图1-28所示。接着设置分型面延伸的方向，单击"拉伸"按钮，进入到"矢量"对话框，在 对话框中选择分型面延伸的方向，单击"确定"按钮，如图1-29所示。弹出另一个方向确认对话框，如果符合要求按"确定"即可，如果不符合，在"矢量方位"中选择 按钮，再一次按"确定"按钮，如图1-30所示。方向设置完成后，系统回到"分型面"对话框，这时可以设定分型面的大小，如图1-31所示，再按"确定"按钮，会弹出"查看修剪片体"的对话

9

框，如果分型面的修补方向正确，直接按"确定"按钮。如果不正确则按 翻转修剪的片体 ，再按"确定"按钮，如图 1-32 所示，这时某一段的分型面创建完成。

图 1-27

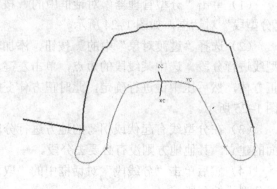

图 1-28

图 1-29

图 1-30

图 1-31

图 1-32

（4）每段的分型面创建方法同上，也可以选择不同的延伸方法（如有界平面、扫掠等），直到把整个分型面建好。

（5）当整个分型面建好以后，在"创建分型面"的对话框中单击"连结曲面"按钮，把整个分型面连接起来成为一个整块，如图1-33所示。整个分型面如图1-34所示。

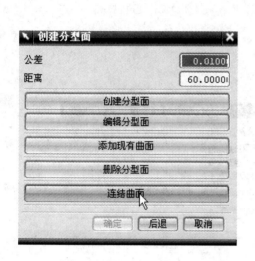

图 1-33

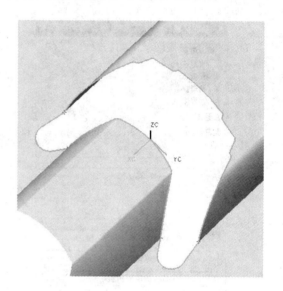

图 1-34

5. 抽取区域和分型线

（1）单击"分型管理器"对话框中的 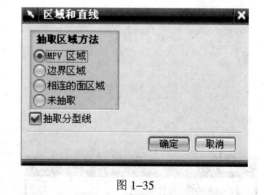 按钮，弹出"区域和直线"的对话框，如图1-35所示。

（2）在"区域和直线"对话框中设置"抽取区域方法"为"边界区域"，然后按下"确定"按钮。

（3）弹出"抽取区域"对话框，显示"总面数：192"、"型腔面：93"、"型芯面：99"，然后单击"确定"按钮，完成抽取区域的操作，如图1-36所示（提示：使用"抽取区域"功能时，注塑模向导会在相邻的分型线中自动搜索边界面和修补面。如果体的总数不等于分别复制到型芯型腔的面总和，则很可能没有正确定义边界。如果发生这种情况，注塑模向导会提出警告并高亮有问题的面，但是仍然可忽略这些警告并继续提取区域。）

图 1-35

6. 创建型腔和型芯

（1）单击"分型管理器"对话框中的 按钮，弹出"型芯和型腔"对话框，如图1-37所示。

（2）设置"型芯和型腔"对话框中的"公差"为"0.1"，单击 自动创建型腔型芯 按钮。

（3）此时系统弹出"无曲面补片"对话框，如图1-38所示，单击"继续"按钮。

（4）经过运算后绘图区域内实体，如图1-39所示。

（5）按下"型芯和型腔"对话框中的"后退"按钮，完成型腔和型芯的分割。

（6）单击"分型管理器"对话框中"关闭"按钮，完成分型操作，如图1-40所示。

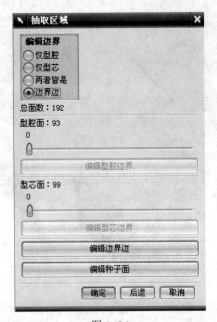

图1-36

图1-37

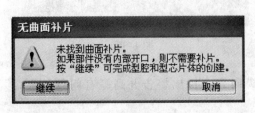

图1-38

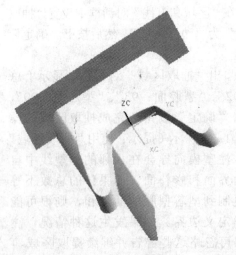

图1-39

1.4.7 保存

单击菜单中的"文件"按钮，再选择子菜单中的"保存"按钮，然后确定好保存文件夹的路径，将已完成的模具文件进行保存。

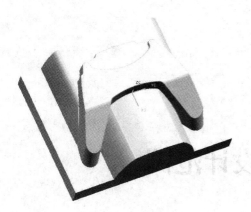

图 1-40

第2章

盒盖模具设计范例

2.1 范例分析

学习 UG Moldwizard 模具设计前，最好具备一定的注塑模具设计理论知识，这样学起来会轻松许多。现以盒盖模具设计为范例，进行 UG NX 模具设计，盒盖如图 2-1 所示。

通过 Moldwizard 模块功能介绍盒盖模具设计，使读者能快捷掌握 UG 模具设计，本范例结合 Moldwizard 模块介绍了补孔、分型线和分型面的创建、型腔和型芯的建立。因此本范例是入门学习的基础，在学习过程中必须慢慢领会其中的要点和用法，而且必须明确模具设计思路和流程。

图 2-1

2.2 学习要点

（1）通过 Moldwizard 模块调入参考模型、创建工件。
（2）学习如何用 Moldwizard 模块下的模具工具补孔。
（3）创建模具分型线和分型面，以及产生型芯和型腔。

2.3 设计流程

（1）创建新工作文件夹，设置工作目录和新建 UG 文件。
（2）调入参考模型。
（3）设置模具坐标系统。
（4）创建工件。
（5）用模具工具补孔。
（6）创建分型线和分型面。
（7）产生型芯和型腔。

2.4 设 计 演 示

2.4.1 调入参考模型

（1）在资源管理器下创建新文件夹，给文件夹取名为 le1，将训练文件 le1 .prt 复制到该文件夹中。

（2）双击桌面的 UG NX5.0 快捷方式图标🐾，或单击"开始"→"程序"→"UG NX5.0"→"NX5.0"，如图 2-2 所示。

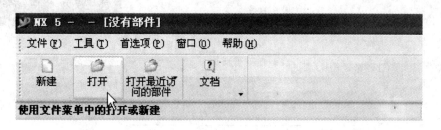

图 2-2

（3）在 NX5.0 界面的菜单栏中单击 开始 按钮，在弹出的菜单中选择"所有应用模块"，如图 2-3 所示。

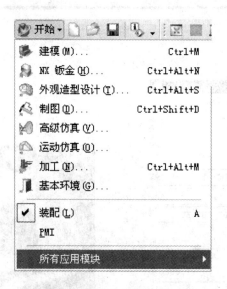

图 2-3

（4）然后在所有应用模块中选择"注塑模向导"按钮。

（5）单击"注塑模向导"工具条中的 按钮，接着在弹出的"打开部件文件"对话框中选择 le1 文件夹为查找范围，选中 le1.prt 文件，接着单击"OK"按钮，如图 2-4 所示。

（6）系统运算后弹出的"项目初始化"对话框中，选择"部件材料"为"ABS"，此时系统会自动选择"收缩率"为"1.0060"，完成后按下"确定"按钮，如图 2-5 所示。

（7）系统经过运算后绘图区域内，如图 2-6 所示。

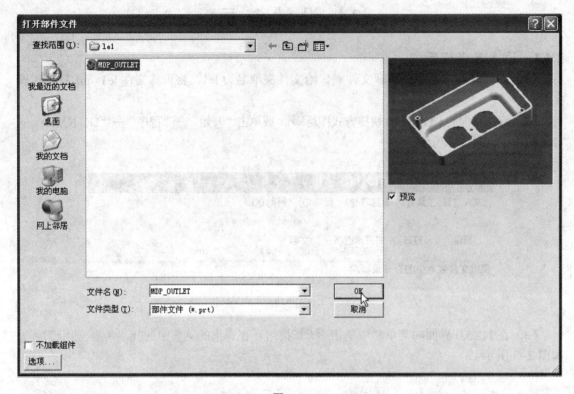

图 2-4

图 2-5

图 2-6

2.4.2 设置模具坐标系统

单击"注塑模向导"工具条中 按钮，弹出"模具坐标"对话框，设置参数，然后按下
"确定"按钮，系统经过运算后设置模具坐标系与工作坐标系相匹配，如图 2-7 所示。

16

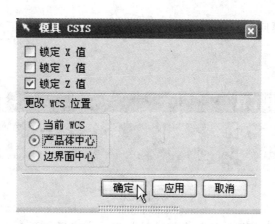

图 2-7

2.4.3 创建工件

（1）单击"注塑模向导"工具条中 按钮，弹出"工件尺寸"对话框，选择"标准长方体"复选框，选择定义式为"距离容差"。

（2）在工件尺寸的尺寸输入区中，"X 向长度"设置为"180"，"Y 向长度"设置为"130"，"Z 向下移"为"25"，"Z 向上移"为"55"，如图 2-8 所示。

（3）单击"工件尺寸"对话框中的"应用"按钮，系统运算后得到工件，如图 2-9 所示。

（4）单击"工件尺寸"对话框中的"取消"按钮，完成工件的创建。

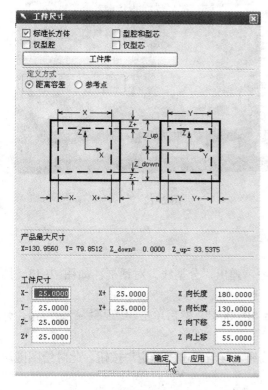

图 2-8

图 2-9

17

2.4.4 补孔

（1）单击"注塑模向导"工具条中的  按钮，弹出"模具工具"菜单，如图 2-10 所示。

图 2-10

（2）单击 按钮，系统经过运算会把孔补起来，完成后如图 2-11 所示。

（3）自动补孔可以将规则的孔补起来，同时观察完成后的视图，发现系统把盒盖上的两个柱位的孔也补起来。但是不需要，所以再用模具工具中的 按钮，选中不要的面把它们删除。

（4）把盒盖上的两个柱位的孔补在型腔内。单击面的 按钮，选择要补的面，系统经过运算后把面补起来，完成后如图 2-12 所示（提示：本范例的模具结构简单，孔比较规则，所以用模具工具中的自动补孔就可以解决）。

图 2-11

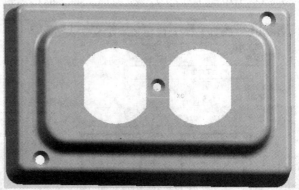

图 2-12

2.4.5 分型

1. 创建分型线

（1）单击"分型管理器"对话框中的 按钮，弹出"分型线"对话框，如图 2-13、图 2-14 所示。

（2）在"分型线"对话框中设置"公差"为"0.0004"，然后单击 自动搜索分型线 按钮，弹出"搜索分型线"对话框，如图 2-15 所示。

（3）单击 选择体 按钮，然后单击"应用"按钮，接着单击"确定"按钮。此时绘图区域内会出现绿色分型线，如图 2-16 所示。

（4）此时系统弹出"分型线"对话框，单击"确定"按钮。

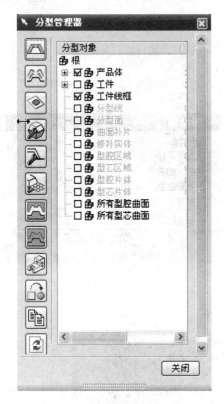

图 2-13

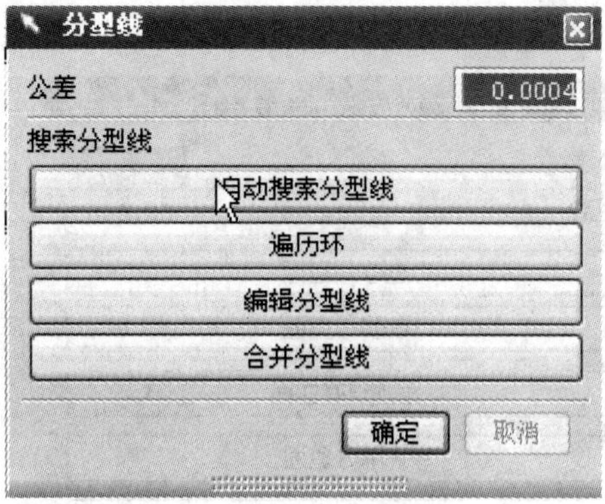

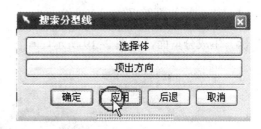

图 2-14

图 2-15

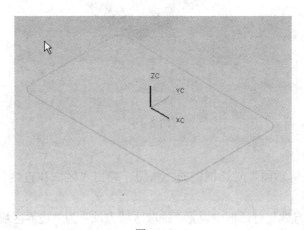

图 2-16

2. 创建分型面

（1）单击"分型管理器"对话框中的 按钮，弹出"创建分型面"对话框，如图 2-17
所示。

（2）在"创建分型面"对话框中设置"公差"为"0.0004"，"距离"为"60"，然后按下
创建分型面 按钮。

19

（3）弹出"分型面"对话框，然后选择"有界平面"选项，如图 2-18 所示，接着单击"确定"按钮。

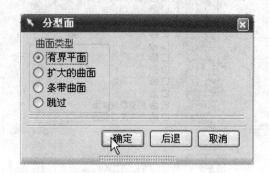

图 2-17   图 2-18

（4）生成分型面，如图 2-19 所示。

图 2-19

3. 抽取区域

（1）单击"分型管理器"对话框中的 按钮，弹出"区域和直线"对话框，如图 2-20 所示。

（2）在"区域和直线"对话框中设置"抽取区域方法"为"边界区域"，然后按下"确定"按钮。

（3）弹出"抽取区域"对话框，如图 2-21 所示。显示"总面数：105"、"型腔面：48"、"型芯面：57"，然后单击"确定"按钮，完成抽取区域的操作（提示：使用"抽取区域"功能时，注塑模向导会在相邻的分型线中自动搜索边界面和修补面。如果体的总数不等于分别复制到型芯型腔的面总和，则很可能没有正确定义边界。如果发生这种情况，注塑模向导会提出警告并高亮有问题的面，但是仍然可忽略这些警告并继续提取区域）。

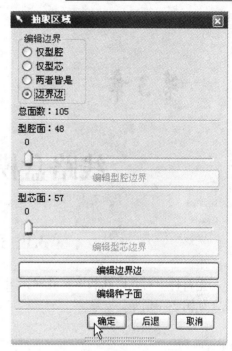

图 2-20   图 2-21

4. 创建型腔和型芯

（1）单击"分型管理器"对话框中的 按钮，弹出"型芯和型腔"对话框，如图 2-22 所示。

（2）设置"型芯和型腔"对话框中"公差"为"0.0040"，单击 自动创建型腔型芯 按钮。

（3）经过运算后绘图区域内，如图 2-23 所示。

（4）按下"型芯和型腔"对话框中的"后退"按钮，完成型腔和型芯的分割。

（5）单击"分型管理器"对话框中的"关闭"按钮，完成分型操作。

图 2-22

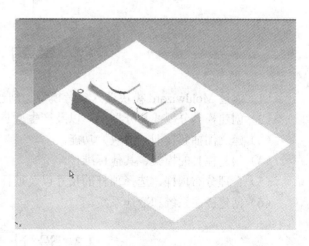

图 2-23

第3章

线路盒模具设计范例

3.1 范 例 分 析

当塑料件上有靠破孔和擦穿孔时，设计模仁的分型面时，就要先补上这些孔，才能进行分模，如图 3-1 所示。

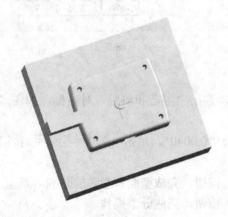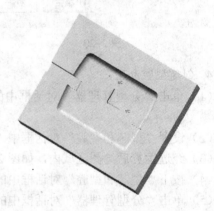

图 3-1

3.2 学 习 要 点

（1）通过 Moldwizard 模块调入参考模型、创建工件及型腔布局。
（2）创建模具分型线和分型面，以及产生型芯和型腔。
（3）建立侧抽芯（即：滑块）功能。
（4）创建模具的模架、其他标准件。
（5）合理分布顶杆，选择顶杆的尺寸以及顶杆修剪。
（6）创建浇注系统和冷却系统。

3.3 设 计 流 程

（1）创建新工作文件夹，设置工作目录和新建 UG 文件。

（2）调入参考模型。

（3）设置模具坐标系统。

（4）创建工件。

（5）型腔布局。

（6）创建分型线和分型面。

（7）产生型芯和型腔。

（8）选择合适的模架。

（9）创建合理的标准件。

（10）合理创建顶杆。

（11）浇注系统合理的设置。

（12）冷却系统合理的设置。

（13）创建腔体。

3.4 设 计 演 示

3.4.1 调入参考模型

（1）双击桌面的 UG NX5.0 快捷方式图标 ，或单击"开始"→"程序"→"UG NX5.0"→"NX5.0"。

（2）单击菜单栏中的 文件(F) 按钮，选择其子菜单中的"打开"按钮。

（3）系统弹出"打开部件文件"对话框，选择 ex10 文件夹为查找范围，选中 ex10.prt 文件，接着单击"OK"按钮，如图 3-2 所示，或者按 按钮也可以打开文件，通过以上步骤，参考模型就调入到 UG 中。

图 3-2

3.4.2 项目初始化

（1）单击菜单栏中的 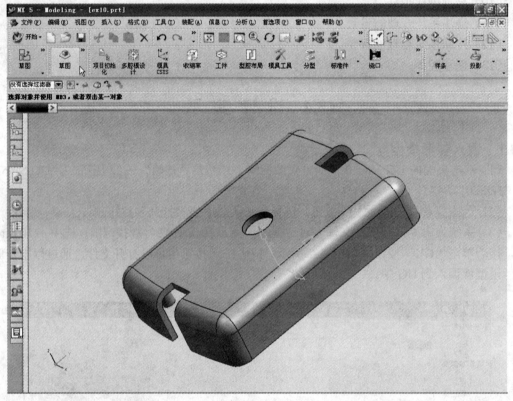 开始 按钮，在弹出的子菜单中选择"所有应用模块"，又在子菜单中选择"注塑模向导"。系统弹出"注塑模向导"的工具栏。

（2）单击"注塑模向导"工具条中的 按钮，接着在弹出的"打开部件文件"对话框中选择 ex10 文件夹为查找范围，选中 ex10.prt 文件，接着单击"OK"按钮，如图 3-2 所示。

（3）在弹出的"项目初始化"对话框中，选择"部件材料"为"ABS"，此时系统会自动选择"收缩率"为"1.0060"，完成后按下"确定"按钮，完成部件的项目初始化，效果图如图 3-3 所示。

图 3-3

3.4.3 设置模具坐标系统

（1）先调整好坐标系的位置。选择菜单栏中的"格式"→"WCS"→"原点"命令，此时系统会弹出"点构造器"对话框，基点的参数根据具体情况设定，然后单击"确定"按钮（注意：Z 轴一般指向模具的开模方向）。

（2）单击"注塑模向导"工具条中的 按钮，弹出"模具坐标"对话框，设置参数，然后按下"确定"按钮，锁定坐标系在工件上的位置。

3.4.4 创建工件

（1）单击"注塑模向导"工具条中的 按钮，弹出"工件尺寸"对话框，选择"标准长方体"复选框，选择定义式为"距离容差"。

（2）在工件尺寸中的尺寸输入区的参数，根据具体情况来设定，默认值也可以。

（3）单击"工件尺寸"对话框中的"应用"按钮，系统自动加入工件，效果如图3-4所示。

（4）单击"工件尺寸"对话框中的"取消"按钮，完成工件的创建。

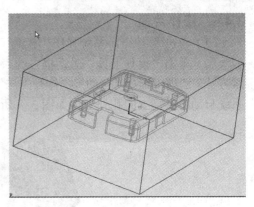

3.4.5 型腔布局

（1）单击"注塑模向导"工具条中的 ⬚ 按钮，弹出"型腔布局"对话框。

（2）将"型腔布局"对话框中的参数进行设置，"布局"选项中选择"矩形"和"平衡"复选框，"型腔数"设置为"2"，"IST Dist"选项设置为"0"。

图3-4

（3）单击 开始布局 按钮，选择布局的方向，系统自动布局，效果图如图3-5所示。

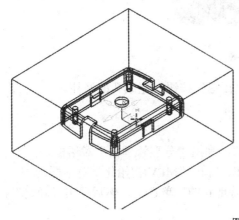

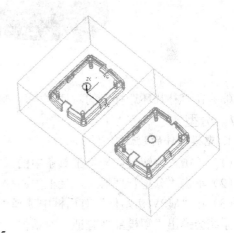

图3-5

（4）单击"重定位"选项中的 自动对准中心 按钮，效果图如图3-6所示。完成以后单击"型腔布局"对话框的"取消"按钮，完成型腔布局。

（5）单击 刀槽 按钮，弹出"刀槽"设置对话框，设置其"R=10，类型为2"，按"确定"按钮完成参数设定，效果图如图3-7所示。

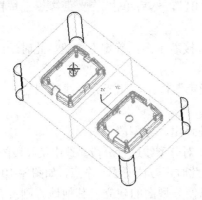

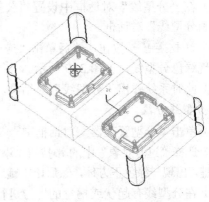

图3-6

图3-7

3.4.6 修补片面

（1）单击 [按钮图标] 按钮，系统弹出"模具工具"对话框。

（2）单击"模具工具"对话框中的 [按钮图标] 按钮，系统弹出"补片环选择"对话框，在"环搜索方法"选项中选择"自动"，"修补方法"选项中选择"型腔侧面"，再按"自动修补"按钮，系统自动将模型上的孔补上，如图 3-8 所示。

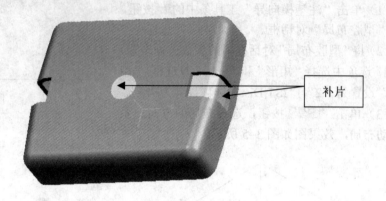

图 3-8

（3）在"补片环选择"的对话框中，单击"后退"按钮，完成孔的修补。

3.4.7 分型

1. 塑模部件的验证

（1）单击"注塑模向导"工具条中的 [按钮图标] 按钮，弹出"分型管理器"对话框。

（2）单击"分型管理器"对话框中的 [按钮图标] 按钮，弹出"MPV 初始化"对话框。

（3）在"MPV 初始化"对话框中选择"保持现有的"单选框，然后单击"确定"按钮，此时系统会弹出"塑模部件验证"对话框。

（4）在"塑模部件验证"对话框中选择"区域"选项卡，然后单击 设置区域颜色 按钮。系统运算后观察模型的正面和背面颜色，此时系统已经把型腔区域和型芯区域分开。

（5）单击"塑模部件验证"对话框的"取消"按钮，完成塑模部件验证操作。

2. 创建分型线

（1）单击"分型管理器"对话框中 [按钮图标] 按钮，弹出"分型线"对话框。

（2）在"分型线"对话框中设置"公差"为"0.01"，然后单击 自动搜索分型线 按钮，弹出"搜索分型线"对话框。

（3）单击 选择体 按钮，然后单击"应用"按钮，接着单击"确定"按钮。此时绘图区域内会出现绿色分型线，如图 3-9 所示。

（4）此时系统弹出"分型线"对话框，单击"确定"按钮，完成分型线的创建。

3. 分型线分段

（1）单击"分型管理器"对话框中 [按钮图标] 按钮，系统弹出"分型段"对话框。

（2）选择"过渡对象"中的 [按钮图标] 按钮，添加转换点，对分型线进行分段。选中某线段的短点，单击左键，出现一绿色正方体，然后压中键进行确定，此时正方体变成一个点，如图 3-10 所示。

（3）在分型线有起伏或拐弯的地方进行分段，以便分型面的建立，其他地方则没有必要去分段。

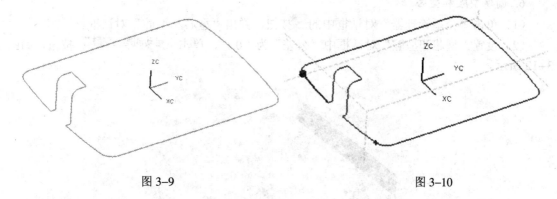

图 3-9 图 3-10

（4）然后单击"分线段"对话框中的"取消"按钮，完成分型线的分段。

4. 创建分型面

（1）单击"分型管理器"对话框中的 按钮，弹出"创建分型面"对话框。

（2）在"创建分型面"对话框中设置"公差"为"0.01"，"距离"为"60"，然后按下 创建分型面 按钮。

（3）弹出"分型面"对话框，选择"有界平面"选项。分型线会有一段呈红色，此部分为要编辑分型面的部分。接着设置分型面延伸的方向，单击 第一方向 按钮，进入到"矢量"对话框，在 选择分型面延伸的方向，单击"确定"按钮。弹出另一个方向确认对话框，如果符合要求按"确定"按钮即可，如果不符合，在"矢量方位"中选择 按钮，再一次按"确定"按钮。第二方向的设定方法同第一方向一样。两个方向设置完成后，系统回到"分型面"对话框，这时可以设定分型面的大小，再按"确定"按钮，会弹出"查看修剪片体"对话框，如果分型面的修补方向正确，直接按"确定"按钮。如果不正确则按 翻转修剪的片体 ，再按"确定"按钮。这时某一段的分型面创建完成。

（4）每段的分型面创建方法同步骤（3），也可以选择不同的延伸方法（如拉伸、扫掠等），直到把整个分型面建好。

（5）当整个分型面建好以后，在"创建分型面"的对话框中单击"连接分型面"按钮，把整个分型面连接起来成为一个整块，如图 3-11 所示。

5. 抽取区域和分型线

（1）单击"分型管理器"对话框中的 按钮，弹出"区域和直线"对话框。

（2）在"区域和直线"对话框中设置"抽取区域方法"为"边界区域"，然后按下"确定"按钮。

（3）弹出"抽取区域"对话框，显示"总面数：79"、"型腔面：27"、"型芯面：52"，然后单击"确定"按钮，完成抽取区域的操作（提示：使用"抽取区域"功能时，

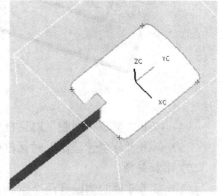

图 3-11

注塑模向导会在相邻的分型线中自动搜索边界面和修补面。如果体的总数不等于分别复制到型芯和型腔的面总和，则很可能没有正确定义边界。如果发生这种情况，注塑模向导会提出警告并高亮有问题的面，但是仍然可忽略这些警告并继续提取区域）。

6. 创建型腔和型芯

（1）单击"分型管理器"对话框中的 按钮，弹出"型芯和型腔"对话框。

（2）设置"型芯和型腔"对话框中"公差"为"0.1"，单击 自动创建型腔型芯 按钮，如图 3-12 所示。

图 3-12

（3）在"窗口"菜单下显示 CORE 和 CAVITY，结果如图 3-13 所示。

图 3-13

（4）按下"型芯和型腔"对话框中的"后退"按钮，完成型腔和型芯的分割。

（5）单击"分型管理器"对话框中的"关闭"按钮，完成分型操作。

7. 添加斜顶

（1）参考零件的侧壁有两个卡钩，需要用斜顶解决脱模问题。要在 CORE 侧添加斜顶。单击菜单栏中"窗口"按钮，在其子菜单中选择"CORE"，调入型腔模型。然后单击工具栏中的 开始 按钮，在其子菜单中选择"建模"，进入到建模模块。

（2）确定斜顶放置的位置。单击菜单栏中"格式"，在其子菜单中选"WCS"，再在其子菜单中选择"动态"，此时坐标系处于可编辑状态，让系统自动选取卡钩头的中点，单击左键，坐标系自动移到该位置。此时注意 Y 轴的指向，它一定要指向型芯外侧，如果不是，则要旋转坐标系，如图 3-14 所示。

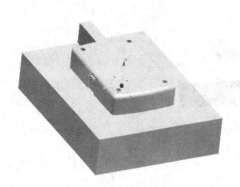 

图 3-14

（3）创建斜顶。单击"模具工具"中的 ⚙ 按钮，在其子菜单中选择 ⚙ 滑块和浮升销，系统弹出 "Slider/Lifter Design"对话框，选择"Dowel Lifter"，再进入"尺寸"选项卡修改斜顶的大小，"riser_angle=10"，"riser_top=30"，"wide=11"。按"确定"按钮，系统自动生成斜顶，如图 3-15、图 3-16 所示。

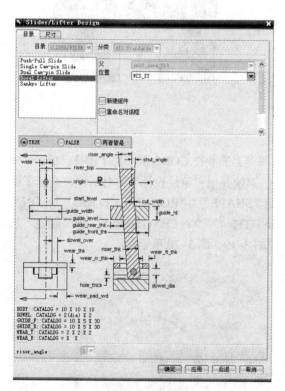 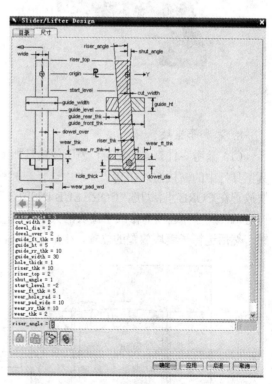

图 3-15

（4）修剪斜顶。单击"模具工具"栏中的 ⚙，系统弹出"模具修剪管理"对话框，选中斜顶，按"确定"按钮，系统自动修剪，如图 3-17 所示（用如上的方法创建另一侧的斜顶，创建后的效果如图 3-18 所示）。

图 3-16

图 3-17

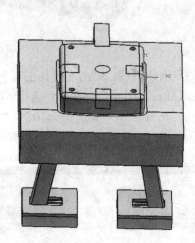

图 3-18

8. 添加子镶块

（1）参考零件有 4 个柱位，为了使模具加工容易些，需要在 CORE 侧添加子镶块。单击"模具工具"中的 按钮，在其子菜单中选择 子镶块 ，系统弹出"镶块设计"的对话框，选择子镶块放置在 CORE 里，即选"CORE SUB INSERT"，选"SHAPE"为"ROUND"，"FOOD"为"ON"，再进入"尺寸"选项卡修改子镶块的大小。"X_LENGTH=4"，"Y_LENGTH=50"，按"确定"按钮，然后选择子镶块放置的位置，生成子镶块，如图 3-19、图 3-20 所示。

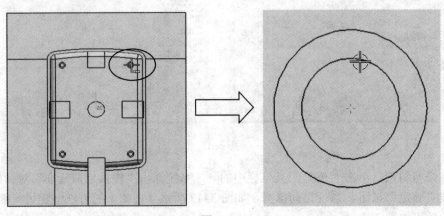

图 3-19

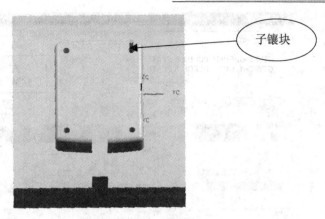

图 3-20

（2）修剪子镶块。单击"模具工具"栏中的 ，系统弹出"模具修剪管理"对话框，选中子镶块，按"确定"按钮，系统自动修剪，修剪好后系统会弹出保留方向是否正确，如果正确直接按"确定"按钮，如果不正确则单击"翻转方向"按钮，再按"确定"按钮，如图3-21 所示。

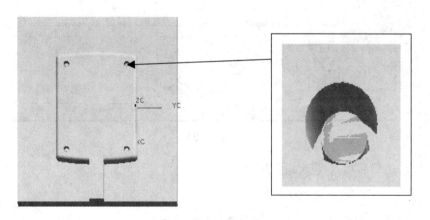

图 3-21

（3）用同样的方法添加其他 3 个子镶块，生成效果如图3-22 所示。

9．添加模架

（1）单击"注塑模向导"工具条中的 按钮，弹出"模架管理"对话框。

（2）在"模架管理"对话框中设置"目录"为龙记的大水口模架"LKM_SG"，类型为"A"，参考"布局信息"栏的数据设置模架的各参数，"尺寸"为"3030"，"AP_h=Z_UP=40"，"BP_h=Z_down=35"，"Mold_type"设置为"AⅠ型"，"GTIPE"设置为"1：On A"，其他默认，然后按下"应用"按钮，如图 3-23 所示。

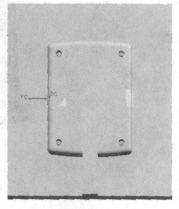

图 3-22

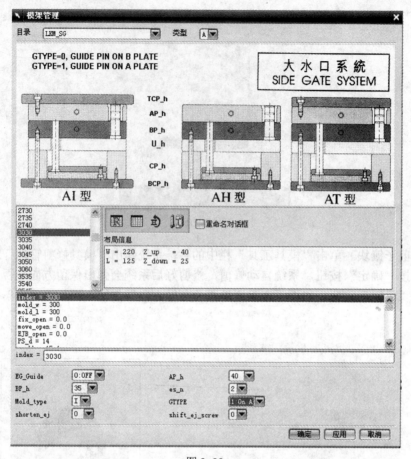

图 3-23

（3）经过运算后加入模架如图 3-24 所示。

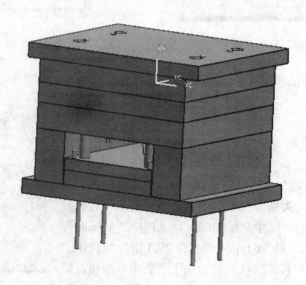

图 3-24

10. 添加标准件

1）添加定位环

（1）单击"注塑模向导"工具条中的 ![]按钮，弹出"标准件管理"对话框，如图 3-25 所示。

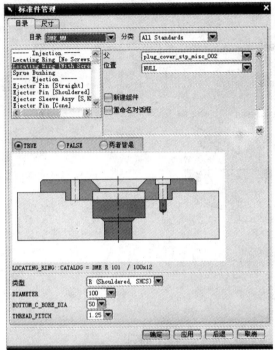
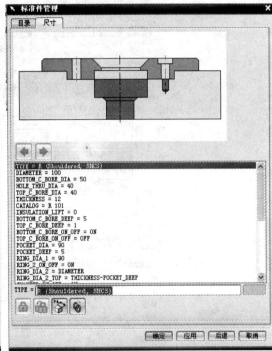

图 3-25   图 3-26

（2）设置"标准件管理"对话框的参数，"目录"为"DME_MM"，"Injection"中选择"Locating Ring ［With screws］"，"DIAMETER"的下拉列表中选择"100"，如果要修改其他具体的数据，单击"尺寸"按钮，进入到该目录下修改，如图 3-25、图 3-26 所示。然后单击"应用"按钮，生成效果如图 3-27 所示。

2）添加浇口衬套

（1）单击"标准件管理"对话框中的"Injection"选择"Sprue Bushing"选项，在"CATALOG _DIA"的下拉列表中选择"12"，"o"下拉列表中选择"3.5"。选择"尺寸"选项卡，选中"CATALOG_LENGTH"，将其设为"35"，"HEAD_DIA"将其设置为"40"，完成后单击"应用"按钮，如图 3-28 所示。

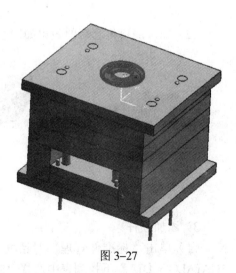

图 3-27

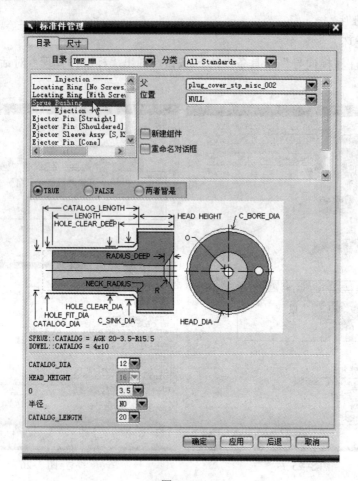

图 3-28

（2）加入浇口衬套后的效果如图 3-29 所示。

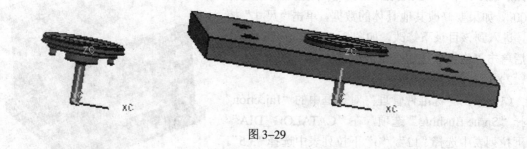

图 3-29

3）添加顶杆

（1）单击"标准件管理"对话框中的"Ejecton"中的"Ejector Pin［Straight］"选项，
"CATALOG_DIA"下拉列表中选择"2"，"CATALOG_LENGTH"下拉列表中选择"300"，
"HEAD_TYPE"下拉列表中选择"1"，也可以进入"尺寸"选项卡里面修改尺寸。单击"应
用"按钮，如图 3-30 所示（添加顶杆前可以把不必要的部分隐藏起来，只留下动模板和型芯，
这样添加时会容易操作些）。

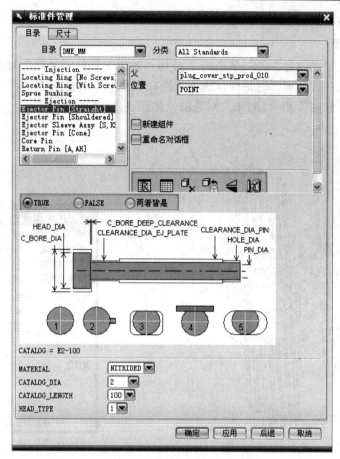

图 3-30

（2）此时会弹出"点"对话框，此对话框是要求设置顶杆的放置位置。在"类型"选项卡里面可以选择不同的设置方法。在"坐标"选项栏中输入"X：66，Y：29"，然后单击"应用"按钮，系统自动在该点生成顶杆。继续在"坐标"选项栏中输入"X：66，Y：-29"、"X：66，Y：15"、"X：66，Y：-15"、"X：44，Y：29"、"X：44，Y：-29"、"X：44，Y：15"、"X：44，Y：-15"。全部顶杆生成以后单击"点"对话框中的"取消"按钮，如图3-31所示。

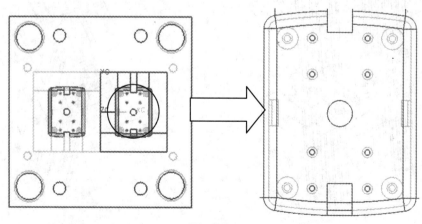

图 3-31

（3）顶杆生成后的效果图如图 3-32 所示。

4）顶杆后处理

（1）单击"注塑模向导"工具条中的 按钮，弹出"顶杆后处理"对话框。

（2）设置"顶杆后处理"对话框，选择"选择步骤"中的 按钮，在"修剪过程"选项卡中，选择"片体修剪"和"TRUE"点选框，如图 3-33 所示。

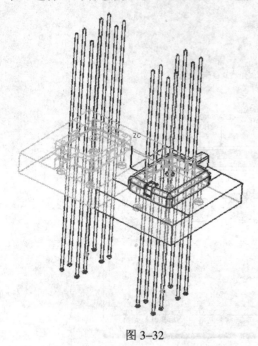

图 3-32

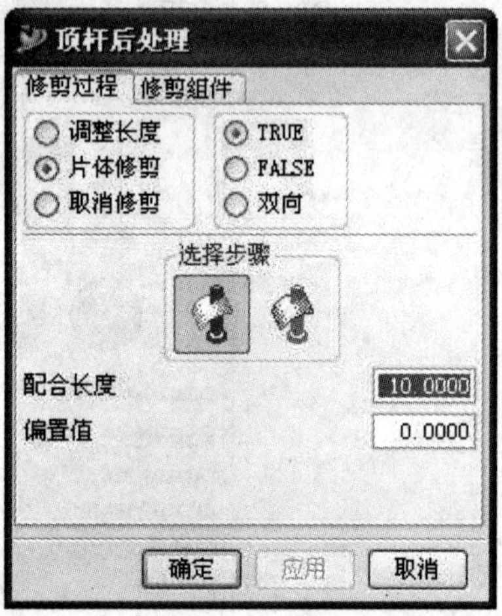

图 3-33

（3）选中一侧模仁的 8 根顶杆，如图 3-34 所示。

（4）单击"顶杆后处理"对话框中的"确定"按钮，完成后如图 3-35 所示（为了读者看得更清楚，这里的效果图只选整个模型的一半）。

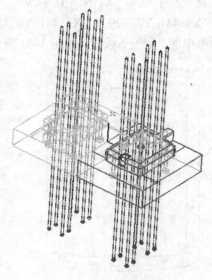

图 3-34

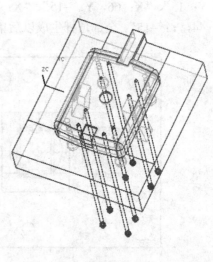

图 3-35

（5）单击"顶杆后处理"对话框中的"取消"按钮，完成顶杆的修剪。

5）添加浇口

（1）参考零件，由于零件的中间有斜顶，所以不能把浇口放在中间。此例中把浇口放在两侧，在"插入"菜单中选择"曲线"，再选择"直线"，如图3-36所示，画3条直线作为放浇口和流道的基准。

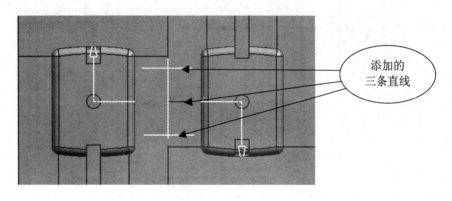

添加的三条直线

图3-36

（2）单击"注塑模向导"工具条中的 按钮，弹出"浇口设计"对话框。

（3）在"浇口设计"对话框中，设置"平衡"为"是"，"位置"为"型芯"，"类型"为"Pin"，"L=6"，然后按"应用"按钮，如图3-37所示。

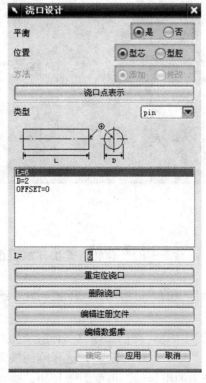

图3-37

（4）系统弹出"点"的对话框，在"类型"选项卡中选择"自动判断的点"，在型芯上找到放置浇口的点，单击左键选中，又弹出"矢量"对话框，此对话框是选择浇口放置的方向，选–XC轴，按"确定"按钮，浇口生成如图3–38所示。

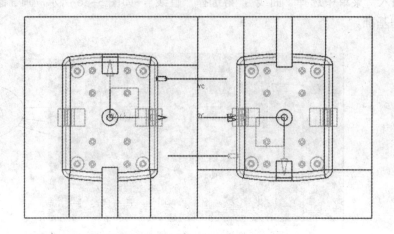

图 3–38

（5）用同样方法再添加2个浇口，4个浇口完成后，如图3–39所示。

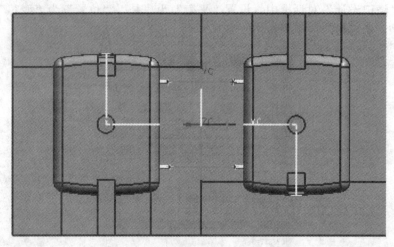

图 3–39

6）添加流道

（1）单击"注塑模向导"工具条中的 按钮，弹出"流道设计"对话框，如图 3–40 所示。

（2）在"流道设计"对话框中的"可用图样"下拉列表中选择"2 腔"，将"A"值设置为"100"，如图3–40所示。

（3）单击"定义方式"的 按钮，弹出如图 3–41 所示的对话框。单击"点子功能"按钮，弹出"点"对话框，设置"类型"为"端点"，选择刚画横向放置的直线的两个端点连一直线按"确定"按钮，生成流道的引导线，再单击 按钮，选择"横截面"并设置它的直径为"6"，然后按"确定"按钮，生成效果图如图3–42所示。

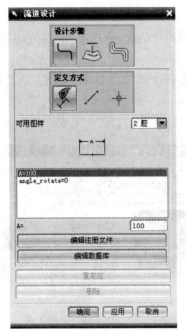

图 3-40 图 3-41

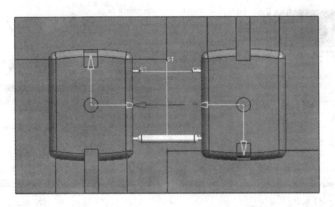

图 3-42

（4）再用同样方法完成其余的两条流道，全部流道生成后如图 3-43 所示。

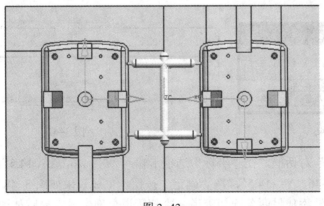

图 3-43

7）添加冷却管道

（1）单击"注塑模向导"工具条中的 按钮，弹出"Cooling Component Design"（冷却管道设计）对话框，如图 3-44 所示。

（2）在"Cooling Component Design"对话框中选择冷却管类型为"COOLING HOLE"，在"PIPE_THREAD"下拉列表中选择"M10"选项，然后单击"尺寸"选项卡，把"HOLE_1_DEPTH"改为"250"，"HOLE_2_DEPTH"改为"250"，完成后如图 3-45 所示。

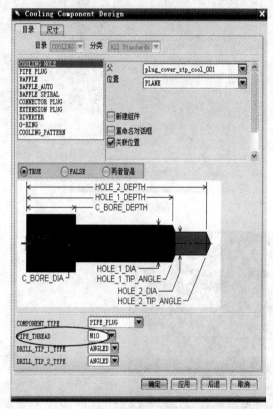

图 3-44

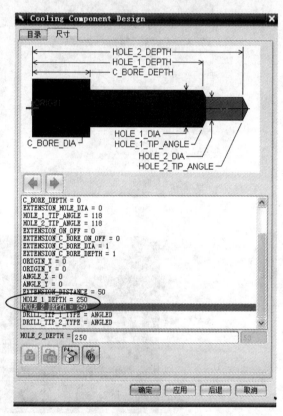

图 3-45

（3）完成后按下"Cooling Component Design"对话框中的"应用"按钮，此时弹出"选择一个面"对话框，如图 3-46 所示，然后选择如图 3-47 所示的平面。

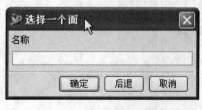

图 3-46

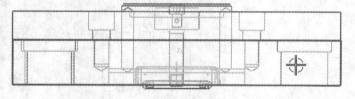

图 3-47

（4）弹出"点"对话框，在"坐标"选项卡输入"X：46，Y：14.5"，按"确定"按钮。再一次输入"X：-46，Y：14.5"，按"确定"按钮，生成效果如图 3-48 所示。

（5）用同样方法添加另两条冷却管道，冷却管道全部生成效果图如图 3-49 所示。

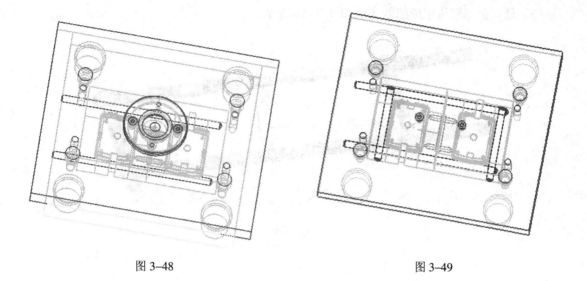

图 3-48   图 3-49

8）添加堵塞

（1）单击"注塑模向导"工具条中的 按钮，弹出"Cooling Component Design"（冷却管道设计）对话框。

（2）在"Cooling Component Design"对话框中选择冷却管类型为"PIPE PLUG"，在"PIPE_THREAD"下拉列表中选择"M10"选项，选择堵塞放置的位置，然后按"确定"按钮，如图 3-50 所示。

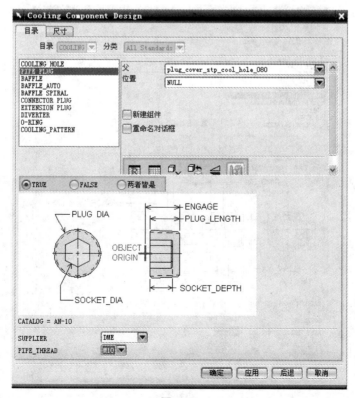

图 3-50

（3）最后全部管道生成的效果图如图 3-51 所示。

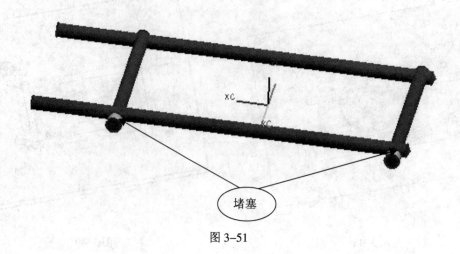

堵塞

图 3-51

9）添加水嘴

（1）单击"注塑模向导"工具条中的 🖳 按钮，弹出"Cooling Component Design" （冷却管道设计）对话框如图 3-52 所示。

（2）在"Cooling Component Design"对话框中选择冷却管类型为"CONNECTOR PLUG"，在"PIPE_THREAD"下拉列表中选择"M10"选项，选择水口要放置在的管道，然后单击"确定"按钮，系统自动添加，完成后如图 3-53 所示。

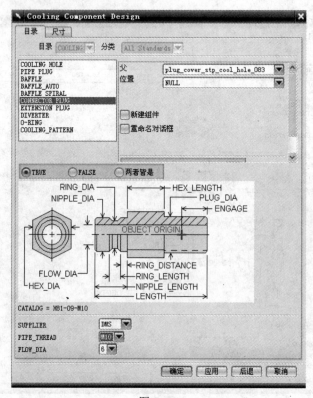

图 3-52

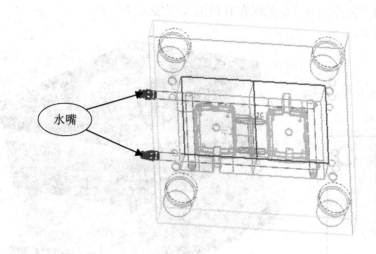

图 3-53

10）建立腔体

（1）显示所有部件，单击"注塑模向导"工具条中的 ![按钮] 按钮，弹出"腔体管理"对话框，如图 3-54 所示。

（2）单击"腔体管理"对话框中的 ![按钮] 按钮，选择模具模板、型腔和型芯为目标体，单击 ![按钮] 按钮选择定位环、主流道、浇中、顶杆和冷却系统为刀具体，如图 3-55 所示。

（3）开腔后的效果。由于篇幅的关系，只显示 A 板开腔后的效果图，如图 3-56 所示。

（4）单击"确定"按钮，建立腔体，完成模具设计，完成后如图 3-57 所示。

图 3-54

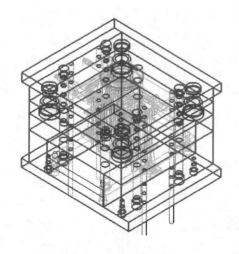
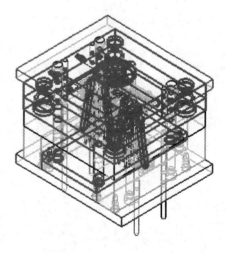

图 3-55

（5）选择菜单栏下的"文件"→"全部保存并退出"，完成保存。

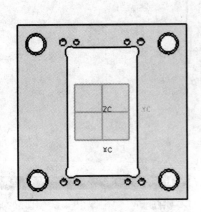

图 3-56

图 3-57

第4章

相机外壳模具设计范例

4.1 范例分析

学习 UG Moldwizard 模具设计前，最好具备一定的注塑模具设计理论知识，这样学起来会轻松许多。以相机外壳模具设计范例学习 UG NX 模具设计，如图4-1所示。

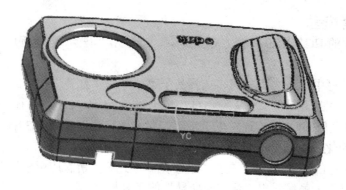

图 4-1

4.2 学习要点

（1）通过 Moldwizard 模块调入参考模型、创建工件及型腔布局。
（2）创建模具分型线和分型面，以及产生型芯和型腔。
（3）通过 Moldwizard 模块调入 HASCO_E 模架功能。
（4）创建模具标准件，如定位圈。
（5）合理分布顶杆，选择顶杆的大小。
（6）创建滑块。
（7）创建浇注系统和冷却系统。

4.3 设计流程

（1）创建新工作文件夹，设置工作目录和新建 UG 文件。

（2）调入参考模型。

（3）设置模具坐标系统。

（4）创建工件。

（5）型腔布局。

（6）创建分型线和分型面。

（7）产生型芯和型腔。

（8）选择合适的模架。

（9）创建合理的标准件。

（10）合理创建顶杆。

（11）浇注系统合理的设置。

（12）冷却系统合理的设置。

（13）创建腔体。

4.4 设 计 演 示

4.4.1 调入参考模型

（1）双击桌面的 UG NX5.0 快捷方式图标 ，或单击"开始"→"程序"→"UG NX5.0"→"NX5.0"。

（2）单击菜单栏中的 文件(F) 按钮，选择其子菜单中的"打开"按钮。

（3）系统弹出"打开部件文件"对话框，选中 camera.prt 文件，接着单击"OK"按钮，或者按 按钮也可以打开文件，通过以上步骤，参考模型就调入到 UG 中。

4.4.2 项目初始化

（1）单击菜单栏的 开始 按钮，在弹出的子菜单中选择"所有应用模块"，又在子菜单中选择"注塑模向导"。系统弹出"注塑模向导"的工具栏。

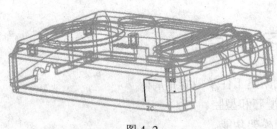

图 4-2

（2）单击"注塑模向导"工具条中的 按钮，接着在弹出的"打开部件文件"对话框中选中 camera.prt 文件，接着单击"OK"按钮。

（3）在弹出的"项目初始化"对话框中，选择"部件材料"为"ABS"，此时系统会自动选择"收缩率"为"1.0060"，按下"确定"按钮完成部件的项目初始化，完成后效果图如图 4-2 所示。

4.4.3 设置模具坐标系统

（1）选择菜单栏中的"格式"→"WCS"→"动态"命令，如图 4-3 所示。

（2）旋转坐标，使 Z 轴指向型腔，X 轴在工件的长轴，如图 4-4 所示。

（3）单击"注塑模向导"工具条中的 按钮，弹出"模具坐标"对话框，设置参数，如图 4-5 所示，然后按下"确定"按钮，系统经过运算后设置模具坐标与工作坐标系相匹配。

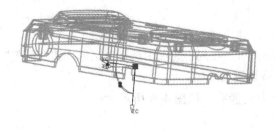

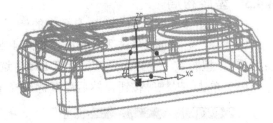

图 4-3　　　　　　　　　　　　　　　　图 4-4

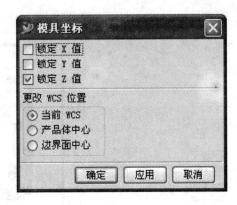

图 4-5

4.4.4　创建工件

（1）单击"注塑模向导"工具条中的 按钮，弹出"工件尺寸"对话框，选择"标准长方体"复选框，选择定义式为"距离容差"，如图 4-6 所示。

（2）单击"工件尺寸"对话框中的"应用"按钮，系统运算后得到工件，如图 4-7 所示。

（3）单击"工件尺寸"对话框中的"取消"按钮，完成工件的创建。

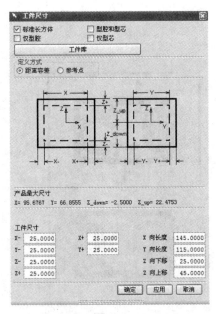

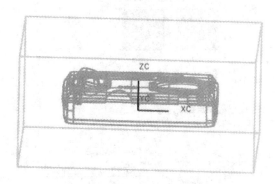

图 4-6　　　　　　　　　　　　　　　　图 4-7

4.4.5 型腔布局

（1）单击"注塑模向导"工具条中的  按钮，弹出"型腔布局"对话框。

（2）将"型腔布局"对话框的设置如图 4-8 所示，"布局"选项中选择"矩形"和"平衡"复选框，"型腔数"设置为"2"，"IST Dist"选项设置为"0"。

（3）单击 开始布局 按钮，然后用鼠标选择下方的箭头，如图 4-9 所示。

图 4-8

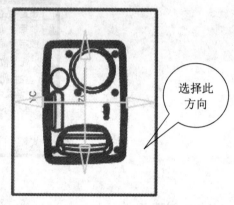

图 4-9

（4）单击 刀槽 按钮，选择参数，然后单击"确定"按钮，如图 4-10 所示。

（5）此时系统会运算后，然后单击"重定位"选项中的 自动对准中心 按钮，完成以后单击"型腔布局"对话框的"取消"按钮，完成型腔布局，如图 4-11 所示。

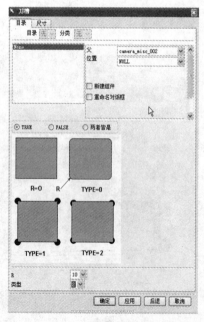

图 4-10

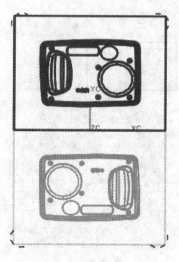

图 4-11

4.4.6 分型

1. 创建分型线

（1）单击"分型管理器"对话框中的  按钮，弹出"分型线"对话框，如图 4-12 所示。

（2）单击 遍历环 按钮，弹出"开始遍历"对话框，如图 4-13 所示。

图 4-12

图 4-13

（3）选择分型线如图 4-14 所示。

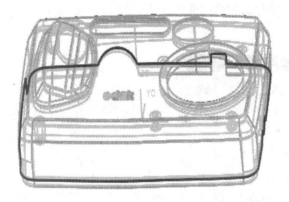

图 4-14

（4）单击 模具工具 按钮，选择 补孔。弹出"开始遍历"对话框，如图 4-15 所示。选择线，如图 4-16 所示。

图 4-15

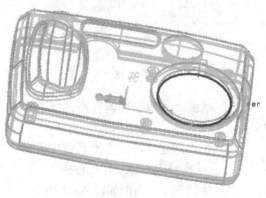

图 4-16

（5）用上述方法填补另外的一个孔，如图 4–17 所示。

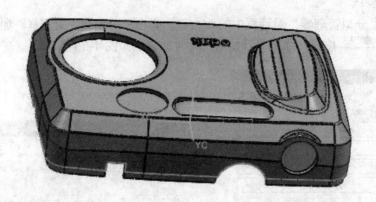

图 4–17

2. 创建分型面

（1）单击"分型管理器"对话框中的 按钮，弹出"分型段"对话框，如图 4–18 所示。

（2）单击 按钮，选择拐角点，如图 4–19 所示。

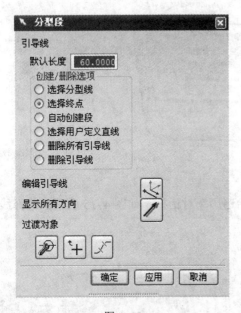

图 4–18

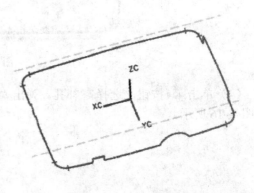

图 4–19

（3）单击"分型管理器"对话框中的 按钮，弹出"创建分型面"对话框，如图 4–20 所示。

（4）在"创建分型面"对话框中设置"公差"为"0.01"，"距离"为"60"，然后按下

    创建分型面   按钮。

（5）最后完成分型面如图 4–21 所示。

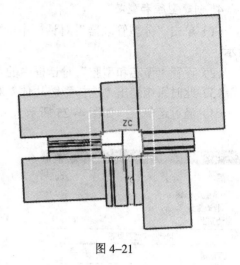

图 4-20   图 4-21

3. 抽取区域和分型线

（1）单击"分型管理器"对话框中的 按钮，弹出"区域和直线"对话框，如图 4-22 所示。

（2）在"区域和直线"对话框中设置"抽取区域方法"为"边界区域"，然后按下"确定"按钮。

（3）弹出"抽取区域"对话框，如图 4-23 所示，显示"总面数：346"、"型腔面：179"、"型芯面：167"，然后单击"确定"按钮，完成抽取区域的操作（提示：使用"抽取区域"功能时，注塑模向导会在相邻的分型线中自动搜索边界面和修补面。如果体的总数不等于分别复制到型芯型腔的面总和，则很可能没有正确定义边界。如果发生这种情况，注塑模向导会提出警告并高亮显示有问题的面，但是仍然可忽略这些警告并继续提取区域）。

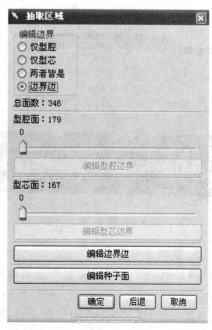

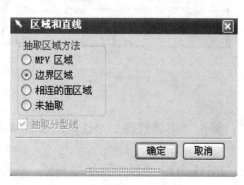

图 4-22   图 4-23

4. 创建型腔和型芯

（1）单击"分型管理器"对话框中的  按钮，弹出"型芯和型腔"对话框，如图 4-24 所示。

（2）设置"型芯和型腔"对话框中的"公差"为"0.1"，单击的 创建型腔 按钮。

（3）此时系统弹出"选择型腔片体"对话框，单击"确定"按钮。

（4）经过运算后，如图 4-25 所示。

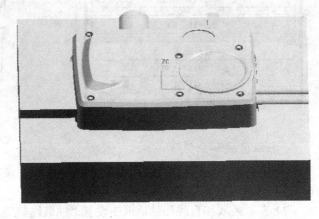

图 4-24

图 4-25

（5）法向方向反了，单击"查看分型结果"对话框中 法向反向 ，如图 4-26 所示。

（6）用同样方法创建型芯，如图 4-27 所示。

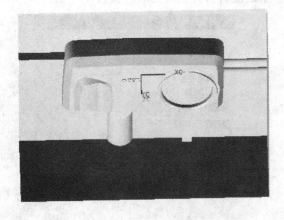

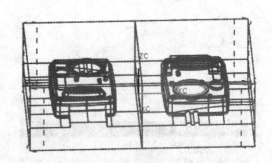

图 4-26

图 4-27

5. 添加模架

（1）单击"注塑模向导"工具条中的 按钮，弹出"模架管理"对话框，如图 4-28 所示。

（2）在"模架管理"对话框中设置"目录"为"LKM_SG"，"尺寸"为"2335"，然后按下"应用"按钮。

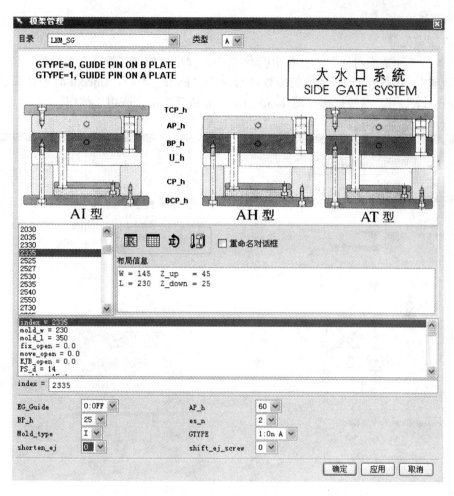

图 4–28

（3）经过运算后加入模架，如图 4–29 所示。

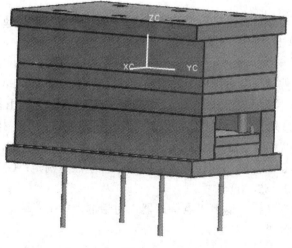

图 4–29

6．添加标准件

1）添加定位环

（1）单击"注塑模向导"工具条中的 按钮，弹出"标准件管理"对话框。

（2）设置"标准件管理"对话框的参数，"目录"为"DME_MM"，"Injection"中选择"Locating Ring［With screw］"，参数选择如图 4–30 所示，完成后单击"应用"按钮。

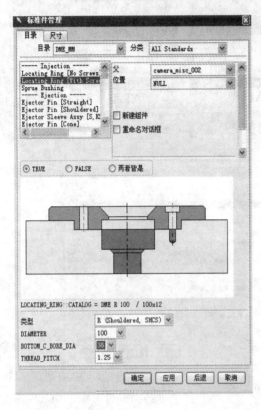

图 4–30

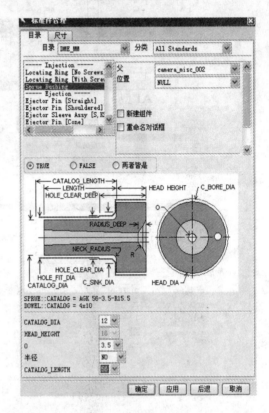

图 4–31

2）添加主流道

单击"标准件管理"对话框中的"Injection"中的"Sprue Bushing"选项，参数选择如图 4–31 所示，完成后单击"应用"按钮。

3）添加顶杆

（1）单击"标准件管理"对话框中的"Ejecton"中的"Ejector Pin［Straight］"选项，在 "CATALOG_DIA"下拉列表中选择"2"，"CATALOG_LENGTH"下拉列表中选择"250"，"HEAD_TYPE"下拉列表中选择"1"，设置完毕后，单击"应用"按钮。

（2）此时会弹出"点构造器"对话框，设置顶杆基点为（–45，82，0），然后单击"确定"按钮或按下"Enter"键，接着用同样的方法输入顶杆基点分别是：（–28，32，0）、（30，82，0）、（30，32，0）、（0，55，0）。

（3）单击"取消"按钮，退出"点构造器"对话框，单击"标准件管理"对话框中"取消"按钮，完成顶杆效果。

4）顶杆后处理

（1）单击"注塑模向导"工具条中的 按钮，弹出"顶杆后处理"对话框。

（2）设置"顶杆后处理"对话框，选择"选择步骤"中的 按钮，显示"修剪过程"选项卡，选择"片体修剪"和"TRUE"点选框，如图4-32所示。

（3）选中所有的顶杆或选中其中的5根，如图4-33所示。

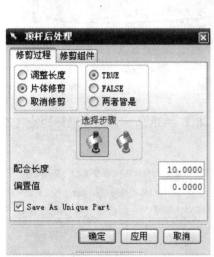

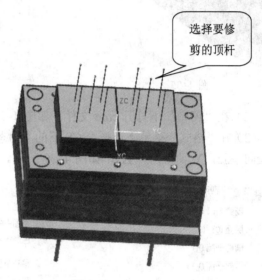

选择要修剪的顶杆

图4-32   图4-33

（4）单击"确定"按钮，然后顶杆修剪为如图4-34所示。

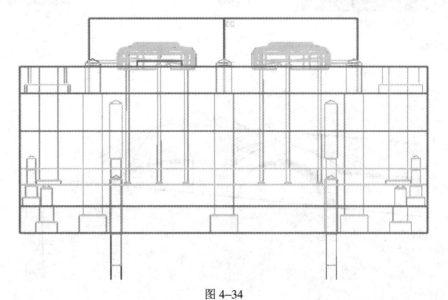

图4-34

5）添加斜顶

（1）斜顶是用来解决产品上的内侧凹、内侧凸等，以及在型芯侧形成的内凹，如图4-35、图4-36所示。

图 4-35

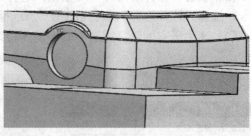

图 4-36

（2）在"窗口"下打开 core 文件，如图 4-37 所示。

（3）在"格式"菜单下选择 WCS 下的"动态"选项，如图 4-38 所示。选择坐标原点（Z 轴指向型腔，Y 轴指向外侧），如图 4-39 所示。

图 4-37

图 4-38

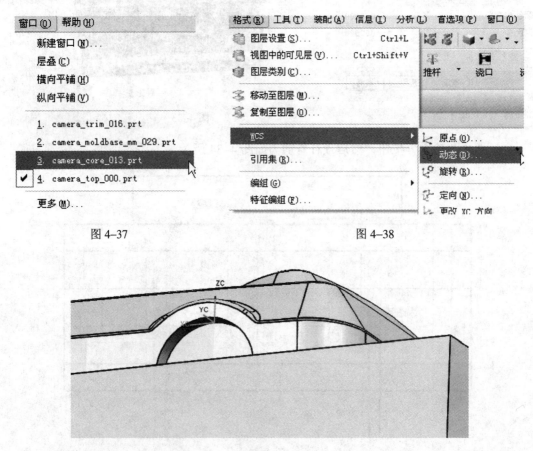

图 4-39

（4）单击 滑块和浮升销 按钮，弹出"Slider/Lifter Design"对话框，如图 4-40 所示。单击"尺寸"按钮，修改参数，如图 4-41 所示。单击"确定"按钮，系统生成斜顶，如图 4-42 所示。

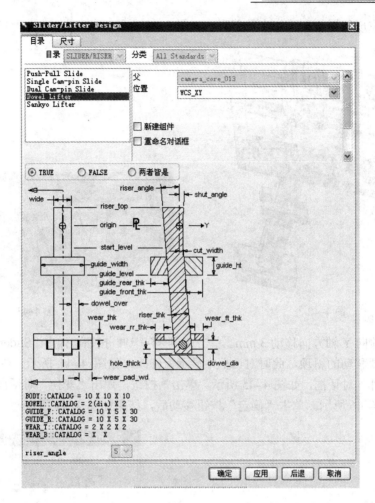

图 4—40

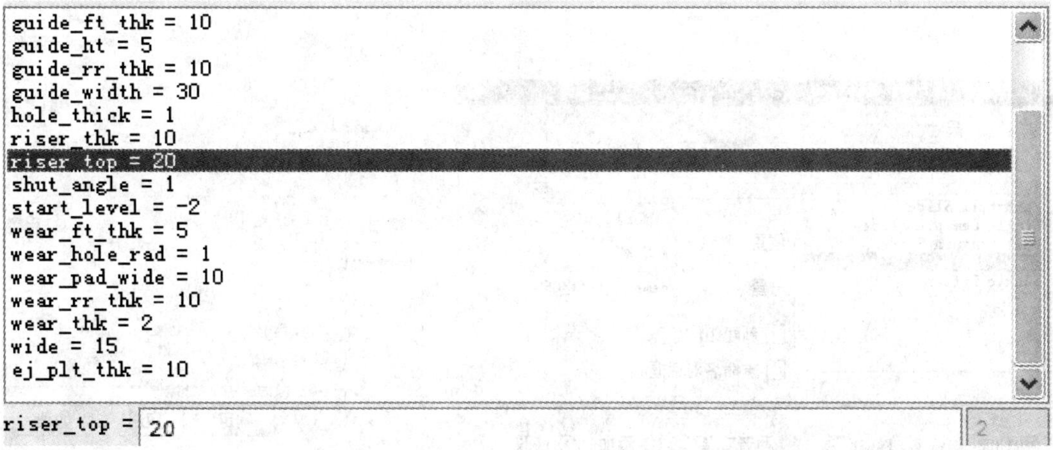

```
guide_ft_thk = 10
guide_ht = 5
guide_rr_thk = 10
guide_width = 30
hole_thick = 1
riser_thk = 10
riser_top = 20
shut_angle = 1
start_level = -2
wear_ft_thk = 5
wear_hole_rad = 1
wear_pad_wide = 10
wear_rr_thk = 10
wear_thk = 2
wide = 15
ej_plt_thk = 10
```

riser_top = 20   2

图 4—41

（5）斜顶生成位置不利于生产及美观，如图 4-43 所示。

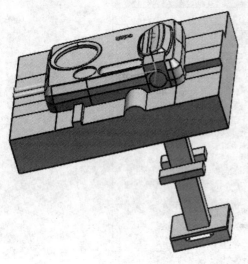

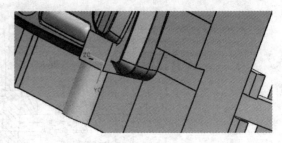

图 4-42   图 4-43

（6）将斜顶向 Y 轴方向移动 3 mm。单击 滑块和浮升销 按钮，弹出 "Slider/Lifter Design" 对话框。选择要移动的斜顶，此时对话框中显示为修改，如图 4-44 所示。单击 按钮，弹出 "重定位组件" 对话框，如图 4-45 所示。单击 按钮，弹出 "变换" 对话框，输入 "DY" 为 "3"，如图 4-46 所示。单击 "确定" 按钮移动后，结果如图 4-47 所示。

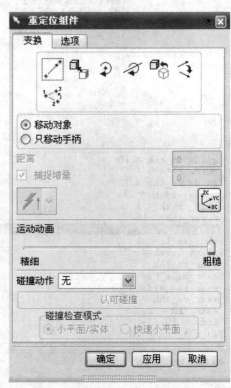

图 4-44   图 4-45

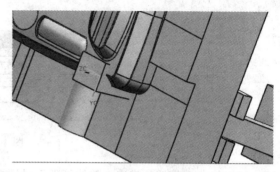

图 4-46 图 4-47

（7）单击模具修剪按钮，弹出信息框，如图 4-48 所示，单击"是"按钮。弹出"模具修剪管理"对话框，在"修剪过程"中选择"片体修剪"，如图 4-49 所示。选择要修剪的斜顶，如图 4-50 所示。结果如图 4-51 所示。选择"翻转方向"，单击"确定"按钮，完成修剪，如图 4-52 所示。

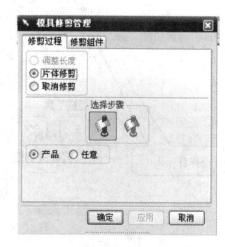

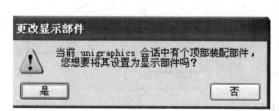

图 4-48 图 4-49

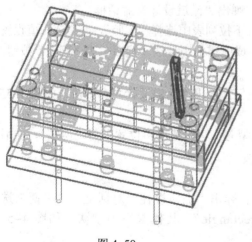

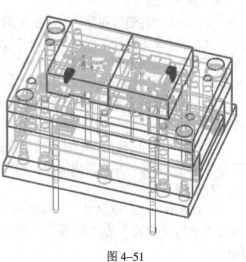

图 4-50 图 4-51

图 4-52

（8）单击 按钮，弹出"腔体管理"对话框，"目标体"选择型芯，"工具体"选择斜顶，按"确定"按钮完成，如图 4-53 所示。

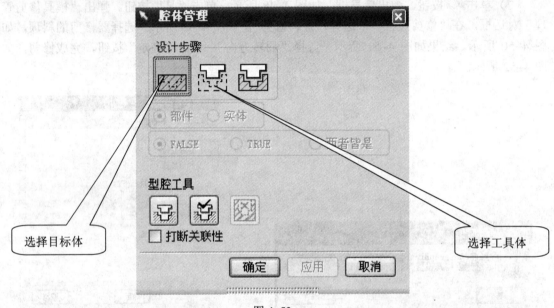

图 4-53

6）添加流道

（1）单击"注塑模向导"工具条中的 按钮，弹出"流道设计"对话框。

（2）在"流道设计"对话框中的"可用图样"下拉列表中选择"2 腔"，将"A"值设置为"40"，"angle_rotate"值设置为"90"，此时会生成流道的引导线，然后单击"确定"按钮，如图 4-54 所示。

（3）弹出新的"流道设计"对话框，单击 按钮，弹出"流道设计"对话框，如图 4-55 所示。

（4）将"A"值设为"8"，"流道位置"为"型芯"，"注塑冷料位置"为"两端"，然后单击"确定"按钮，系统生成流道，如图 4-56 所示。

7）添加浇口

（1）单击"注塑模向导"工具条中的 按钮，弹出"浇口设计"对话框，"平衡"选项为"是"，"位置"为"型芯"，"类型"为"rectangle"，其他参数为默认，如图 4-57 所示。

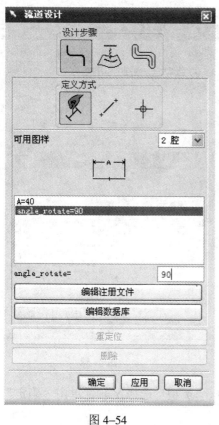

图 4-54   图 4-55

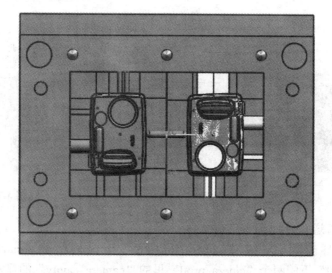

图 4-56

（2）单击"应用"按钮，弹出"点"对话框，"类型"选择 ⊙ 捕捉圆心，如图 4-58 所示。

61

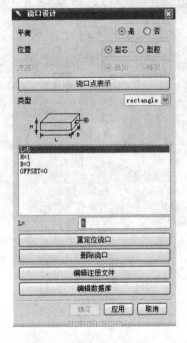

图 4-57

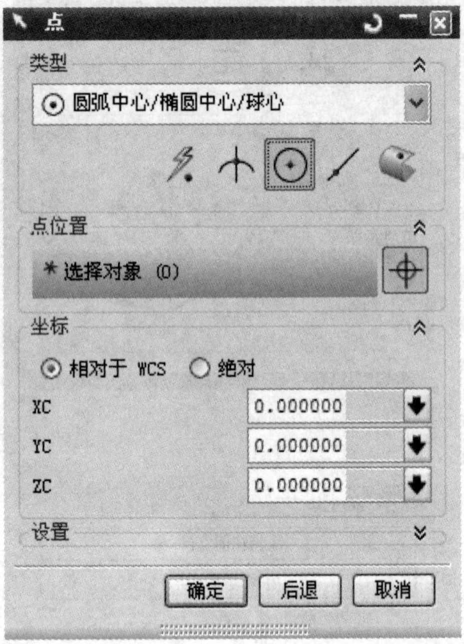

图 4-58

（3）单击"确定"按钮，弹出"矢量"对话框，"类型"选择Y轴，单击"确定"完成，如图 4-59、图 4-60 所示。

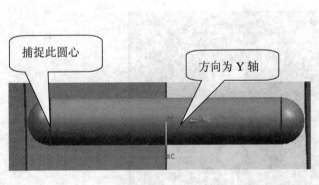

捕捉此圆心

方向为Y轴

图 4-59

图 4-60

8）添加冷却管道

（1）在装配导航器中，在"camera_top_000"下，只保留"camera_cool_001"和"camera_layout_009"下的两个"cmera_prod"里的"camera_cavity"的显示。

（2）单击"注塑模向导"工具条中的 按钮，弹出"Cooling Component Design"（冷却管道设计）对话框，如图 4-61 所示。

（3）在"Cooling Component Design"对话框中选择冷却管类型为"COOLING HOLE"，

在"PIPE_THREAD"下拉列表中选择"M8"选项，然后单击"尺寸"选项卡，把"HOLE_1_DEPTH"改为"140"，"HOLE_2_DEPTH"改为"140"，如图4-62所示。

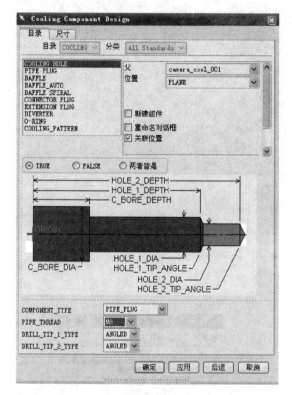
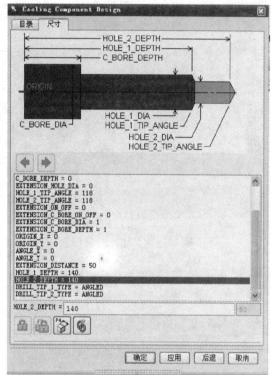

图4-61 　　　　　　　　　　　　　　　　　图4-62

（4）单击"确定"按钮，弹出"选择一个面"对话框，如图4-63所示。选取平面，如图4-64所示。

图4-63

（5）然后单击"确定"按钮。此时，弹出"点"对话框，如图4-65所示。输入坐标（20，10，0），单击"确定"按钮，弹出"位置"对话框，如图4-66所示，单击"确定"按钮，又弹出"点"对话框输入（-20，10，0），弹出"位置"对话框，单击"取消"按钮。

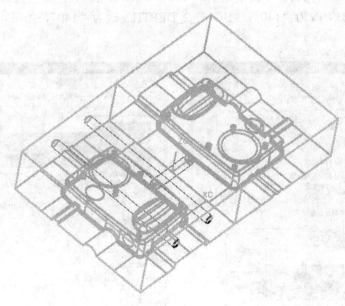

图 4–64

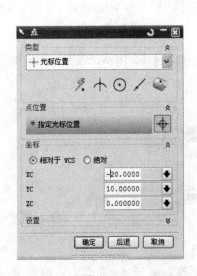

图 4–65

图 4–66

（6）单击"Cooling Component Design"对话框中的"取消"按钮。

（7）用同样的方法，完成另外两条冷却管道的放置，如图 4–67 所示。

（8）将"HOLE_1_DEPTH"改为"210"，"HOLE_2_DEPTH"改为"210"，选择平面，如图 4–68 所示。输入坐标（60，10，0），单击"确定"完成。

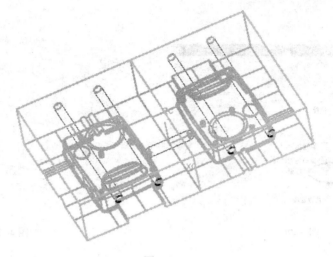

图 4-67

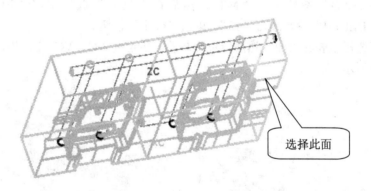

选择此面

图 4-68

（9）将"HOLE_1_DEPTH"改为"160"，"HOLE_2_DEPTH"改为"160"，选择平面，如图 4-69 所示。输入坐标（60，10，0），单击"确定"按钮完成。

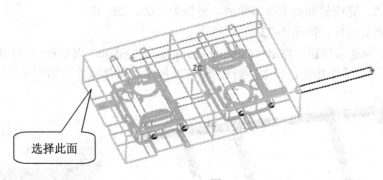

选择此面

图 4-69

（10）显然，该冷却管道并没有落在想要的位置，将其删除。单击"注塑模向导"工具条中的 ![按钮] 按钮，弹出"Cooling Component Design"（冷却管道设计）对话框，除去"关联位置"的勾选，如图 4-70 所示。接下的操作，与上述相同，如图 4-71 所示。

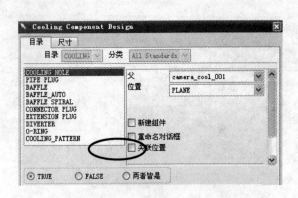

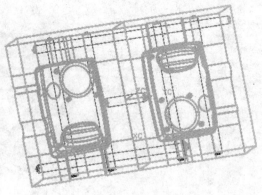

图 4-70   图 4-71

（11）在"注塑模向导"工具条中单击"冷却"按钮，在"目录"选项卡中选择"PIPE_THREAD"参数中的"M8"，然后在"尺寸"选项中将"HOLE_1_DEPTH"和"HOLE_2_DEPTH"参数改为"15"，单击"确定"按钮。

（12）选择型腔的顶面，然后定位冷却孔，定位孔 XC、YC、ZC 坐标为（−60，30，0），如图 4-72 所示。

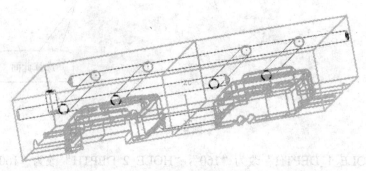

图 4-72

（13）用上述方法，完成另外一个冷却管道，坐标为（60，20，0）。

（14）隐藏不必要的部件，如图 4-73 所示。

（15）添加喉塞。单击 按钮，弹出"Cooling Component Dedign"对话框，"目录"选择"DIVERTER"。单击"尺寸"按钮，修改参数如图 4-74 所示。整体操作，如图 4-75 所示。

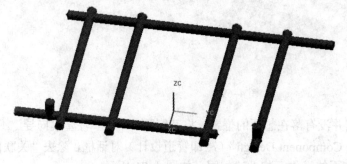

```
SUPPLIER = DME
HOLE DIA = 8
ENGAGE = 60
CATALOG = TBP-10
PLUG_DIA = 8
PLUG_LENGTH = 12.7
MATERIAL = BRASS
```

图 4-73   图 4-74

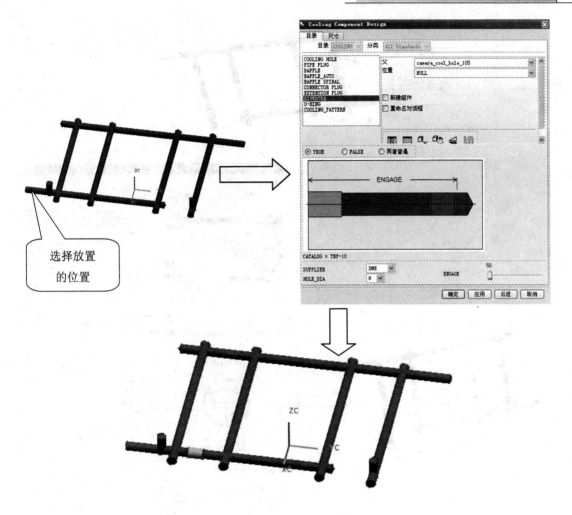

图 4–75

（16）用同样方法创建另一条冷却管道的喉塞，"ENGAGE"为"100"，如图 4–76 所示。

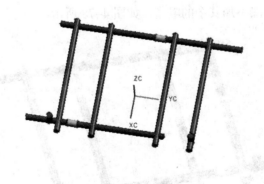

图 4–76

（17）添加喉塞。单击 _{冷却} 按钮，具体操作过程，如图 4–77 所示。

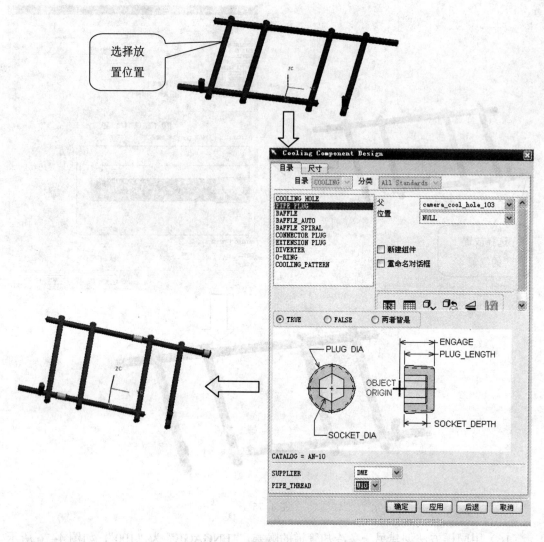

图 4-77

（18）使用相同的方法添加其余的喉塞，如图 4-78 所示。

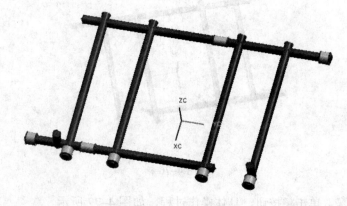

图 4-78

（19）显示A板及型腔，如图4-79所示。

（20）单击 冷却 按钮，在"目录"选项卡中选择"PIE_THREAD"参数中的"M8"，然后在"尺寸"选项卡中将"HOLE_2_DEPTH"和"HOLE_1_DEPTH"参数值改为"12"，单击"确定"按钮。

（21）选择型腔顶面，如图4-80所示。定位孔 XC、YC、ZC 坐标为（60，20，0）。

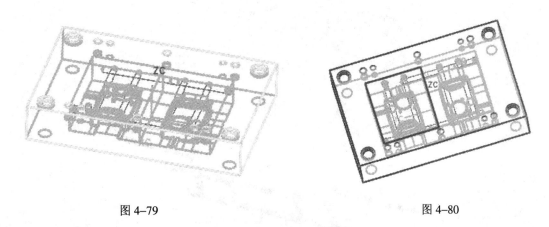

图 4-79   图 4-80

（22）单击 冷却 按钮，选择刚才生成的冷却管道，然后单击"Cooling Component Design"对话框中的 ◄ 按钮，单击"确定"按钮，结果如图4-81所示。

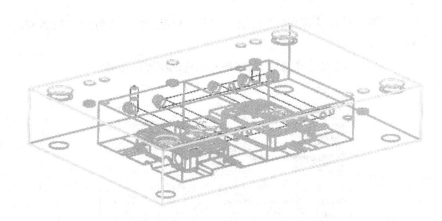

图 4-81

（23）使用相同的方法创建另一条冷却管道，定位坐标为（-60，30，0），如图 4-82所示。

（24）单击 冷却 按钮，在"目录"选项卡中选择"PIE_THREAD"参数中的"M8"，然后在"尺寸"选项卡中将"HOLE_2_DEPTH"和"HOLE_1_DEPTH"参数值改为"95"，单击"确定"按钮。

（25）选择A板的侧面，定位坐标为（60，20，0）。

（26）用同样的方法，完成另一条管道的创建，定位坐标为（-60，20，0）。隐藏不必要的部件，结果如图4-83所示。

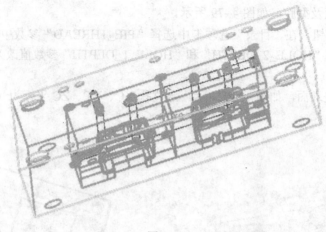

图 4-82

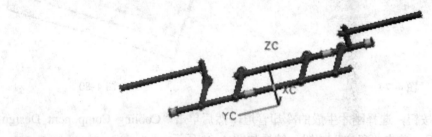

图 4-83

（27）添加防水圈。单击 ^{冷却} 按钮，"目录"选择"O-RING"，"位置：PLANE"，"ID：为 10"，如图 4-84 所示。

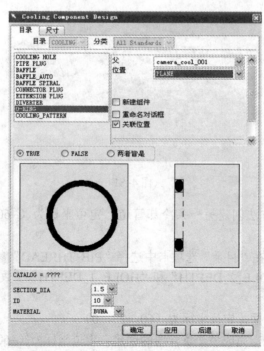

图 4-84

（28）平面选择型腔顶面，接着捕捉冷却管道圆心，如图4-85所示。

（29）用同样的方法，添加另外一个防水圈，如图4-86所示。

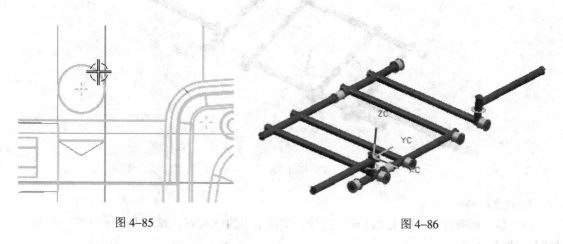

图4-85　　　　　　　　　　　　　　　　　　　图4-86

（30）添加水嘴，操作过程，如图4-87所示。

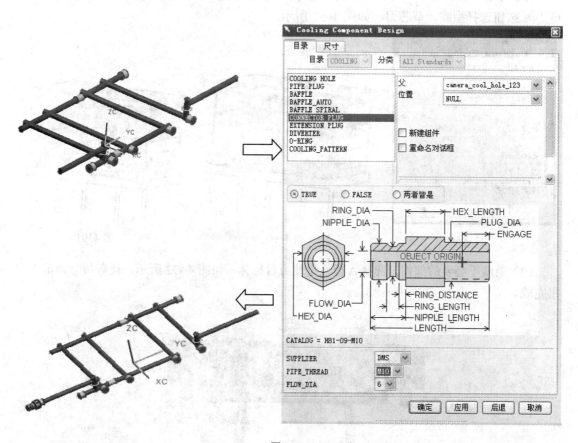

图4-87

（31）用同样的方法，添加另一个水嘴，如图4-88所示。

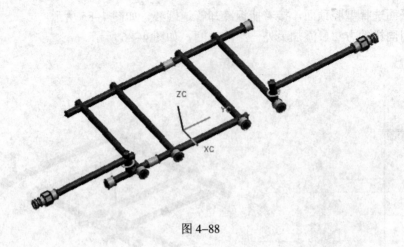

图 4-88

7. 建立腔体

（1）显示所有部件，单击"注塑模向导"工具条中的按钮，弹出"腔体管理"对话框，如图 4-89 所示。

（2）单击"腔体管理"对话框中的按钮，选择 A 板、B 板为目标体，如图 4-90 所示。单击按钮选择型腔、型芯刀，如图 4-91 所示。

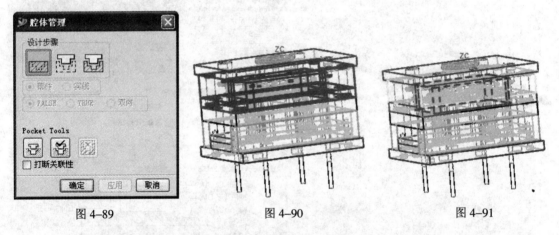

图 4-89   图 4-90   图 4-91

（3）隐藏不必要的部件，选择 A 板、型腔为目标体，如图 4-92 所示，接着按"确定"按钮完成。

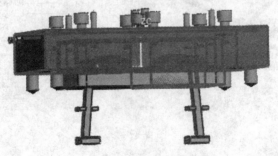

图 4-92

（4）隐藏不必要的部件，选择目标体，如图 4-93 所示，连按两次"确定"按钮，系统自动找到相交体，进行切割运算。

（5）完成模具设计，如图 4-94 所示。

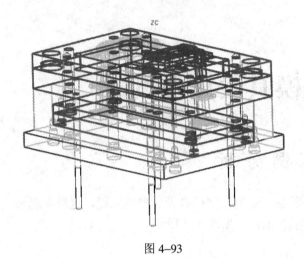

图 4-93

图 4-94

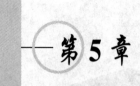

第5章

吹风筒半壳模具设计范例

5.1 范例分析

学习 UG Moldwizard 模具设计前，最好具备一定的注塑模具设计理论知识，这样学起来会轻松许多。现在以吹风筒半壳模具设计为学习范例，如图 5-1 所示。

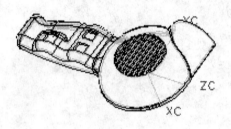

图 5-1

5.2 学习要点

（1）通过 Moldwizard 模块调入参考模型、创建工件及型腔布局。

（2）创建模具分型线和分型面，以及产生型芯和型腔。

5.3 设计流程

（1）创建新工作文件夹，设置工作目录和新建 UG 文件。

（2）调入参考模型。

（3）设置模具坐标系统。

（4）创建工件。

（5）用模具工具补孔。

（6）创建分型线和分型面。

（7）产生型芯和型腔。

5.4 设 计 演 示

5.4.1 调入参考模型

（1）在资源管理器下创建新文件夹，给文件夹取名为 mdp_dryer，将训练文件 mdp_dryer .prt 复制到该文件夹中。

（2）双击桌面的 UG NX5.0 快捷方式图标，或单击"开始"→"程序"→"UG NX5.0"→"NX5.0"。

（3）单击"注塑模向导"工具条中的 按钮，接着在弹出的"打开部件文件"对话框中选择 mdp_dryer 文件夹为查找范围，选中 mdp_dryer.prt 文件，单击"OK"按钮，如图 5-2 所示。

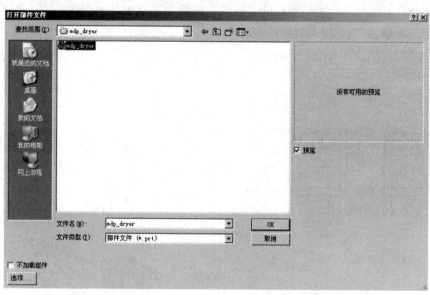

图 5-2

（4）系统运算后弹出的"项目初始化"对话框中，选择"部件材料"为"ABS"，此时系统会自动选择"收缩率"为"1.006"，完成后按下"确定"按钮，如图 5-3 所示。

（5）系统经过运算后绘图区域内，如图 5-4 所示。

图 5-3

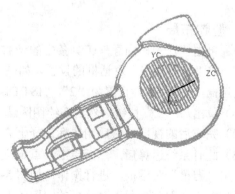

图 5-4

5.4.2 设置模具坐标系

调整好坐标方向，然后单击"注塑模向导"工具条中的 按钮，弹出"模具坐标"对话框，设置参数，如图5-5所示，然后按下"确定"按钮，系统经过运算后，设置模具坐标与工作坐标系相匹配。

5.4.3 创建工件

（1）单击"注塑模向导"工具条中的 按钮，弹出"工件尺寸"对话框选择"标准长方体"，如图5-6所示。

（2）单击"工件尺寸"对话框中的"应用"按钮，系统运算后得到工件，如图5-7所示。

（3）单击"工件尺寸"对话框中的"取消"按钮，完成工件的创建。

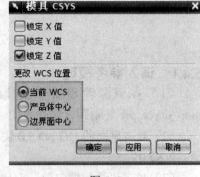

图 5-5

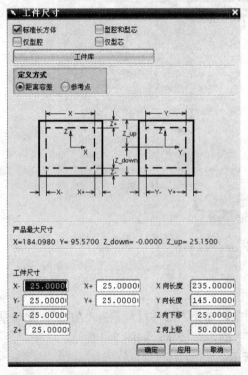

图 5-6

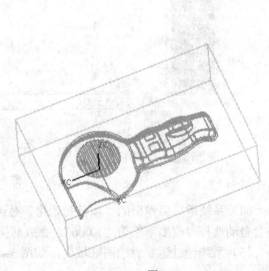

图 5-7

5.4.4 型腔布局

（1）单击"注塑模向导"工具条中的 按钮，弹出"型腔布局"对话框。

（2）将"型腔布局"对话框的设置，如图5-8所示，"布局"选项中选择"矩形"和"平衡"复选框，"型腔数"设置为"2"，"IST Dist"和"2ND Dist"选项设置为"0"。

（3）单击 开始布局 按钮，然后在绘图区域没有模型处单击鼠标右键。

（4）完成后的视图，然后用鼠标选择下方的箭头，如图5-9所示。

（5）此时系统运算后，然后单击"重定位"选项中的 自动对准中心 按钮，单击"刀槽"按钮，弹出"刀槽"对话框，进行操作，如图5-10所示，"R"改为"10"，"类型"改为"2"，完成以后单击"型腔布局"对话框的"取消"按钮，完成型腔布局。

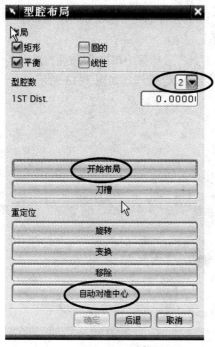

图 5-8

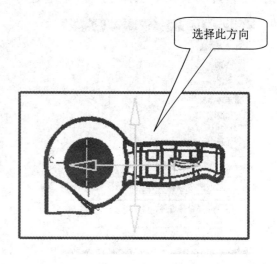

图 5-9

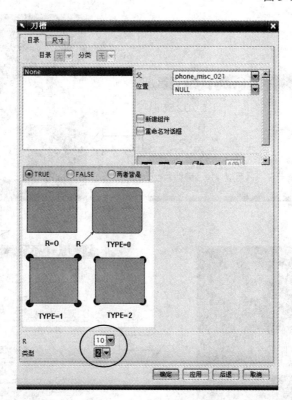

图 5-10

5.4.5 创建补片曲面

（1）单击"注塑模向导"工具条中的 按钮，弹出"模具工具"工具条。

（2）在"模具工具"工具条中单击 🔧 按钮，弹出"自动补片"对话框，选择"自动"环搜索方法，然后单击"自动补孔"按钮，如图 5-11 所示。

（3）如图 5-12 所示，还有一个面没有补好。在"模具工具"工具条中单击 🔲 按钮，弹出"开始引导搜索"对话框，去掉"按面的颜色遍历"的勾选。然后过程操作，如图 5-13 所示。

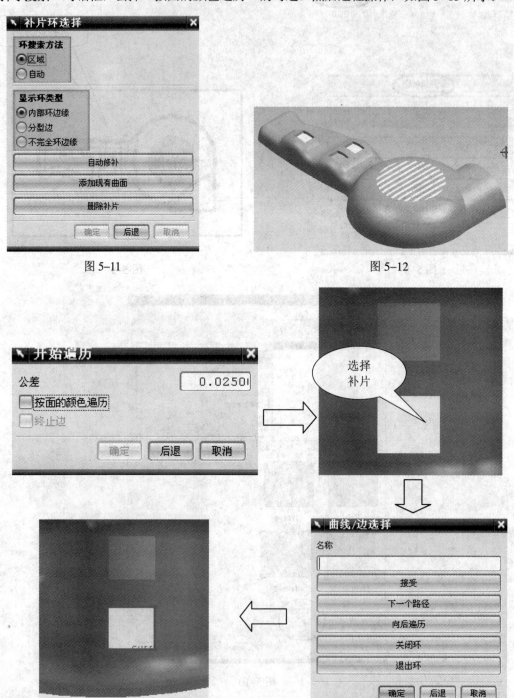

图 5-11   图 5-12

图 5-13

5.4.6 分型

1. 塑模部件的验证

（1）单击"注塑模向导"工具条中的"分型"按钮，弹出"分型管理器"对话框，如图 5-14 所示。

（2）单击"分型管理器"对话框中按 △ 按钮，弹出"MPV 初始化"对话框，如图 5-15 所示。

图 5-14

图 5-15

（3）在"MPV 初始化"对话框中选择"保持现有的"单选框，然后单击"确定"按钮，此时系统会弹出"塑模部件验证"对话框，如图 5-16 所示。

（4）在"塑模部件验证"对话框中选择"区域"选项卡，然后单击 设置区域颜色 按钮。系统运算后观察模型的正面和背面颜色，此时系统已经把型腔区域和型芯区域分开。

（5）单击"塑模部件验证"对话框的"取消"按钮，完成塑模部件验证操作。

2. 创建分型线

（1）单击"分型管理器"对话框中的 按钮，弹出"分型线"对话框，如图 5-17 所示。

（2）在"分型线"对话框中设置"公差"为"0.01"，然后单击 自动搜索分型线 按钮，弹出"搜索分型线"对话框，如图 5-18 所示。

（3）单击 选择体 按钮，然后单击"应用"按钮，接着单击"确定"按钮。此时绘图区域内会出现绿色分型线，如图 5-19 所示。

（4）此时系统弹出"分型线"对话框，单击"确定"按钮。

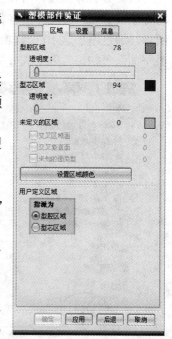

图 5-16

图 5-17

图 5-18

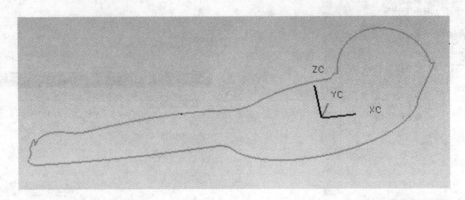

图 5-19

3. 创建分型面

（1）分析分型线，可以发现曲线不在同一平面内无法生成单一分型面，必须添加转换点将分型线打断，然后分别将各打断分型线生成分型面。单击"添加转换点"按钮，如图 5-20所示。通过添加这 10 个转换点，将分型线分成 10 部分，每一部分读可以通过"拉伸"、"有界平面"、"扫掠"等生成分型面，如图 5-21 所示。

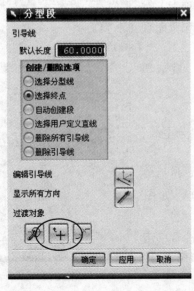

图 5-20

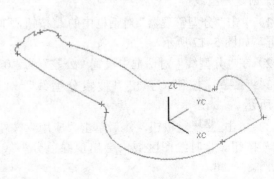

图 5-21

（2）单击"分型管理器"对话框中的 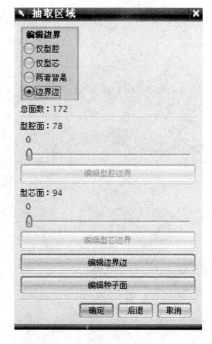 按钮，弹出"创建分型面"对话框，如图 5-22 所示。此时生成分型面，如图 5-23 所示。

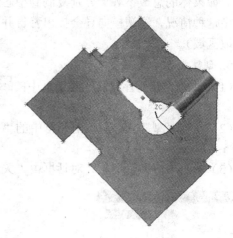

图 5-22   图 5-23

4. 抽取区域和分型线

（1）单击"分型管理器"对话框中的 按钮，弹出"区域和直线"对话框，如图 5-24 所示。

（2）在"区域和直线"对话框中设置"抽取区域方法"为"边界区域"，然后按下"确定"按钮。

（3）弹出"抽取区域"对话框，如图 5-25 所示。显示"总面数：172"、"型腔面：78"、

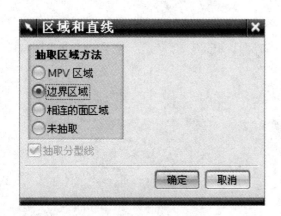

图 5-24   图 5-25

81

"型芯面：94"。确定：总面数＝型腔面+型芯面，然后单击"确定"按钮，完成抽取区域的操作（提示：使用"抽取区域"功能时，注塑模向导会在相邻的分型线中自动搜索边界面和修补面。如果体的总数不等于分别复制到型芯型腔的面总和，则很可能没有正确定义边界。如果发生这种情况，注塑模向导会提出警告并高亮有问题的面，但是仍然可忽略这些警告并继续提取区域）。

5. 创建型腔和型芯

（1）单击"分型管理器"对话框中的  按钮，弹出"型芯和型腔"对话框，如图 5-26 所示。

（2）设置"型芯和型腔"对话框中的"公差"为"0.1"，单击的 自动创建型腔型芯 按钮，如图 5-27 所示。

（3）单击"分型管理器"对话框中"关闭"按钮，完成分型操作。

图 5-26

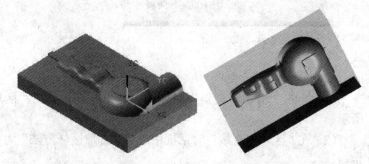

图 5-27

第6章

插接盖模具设计范例

6.1 范例分析

通过插接盖模具设计为学习范例，介绍 Moldwizard 模块功能，能快捷掌握 UG 模具设计，范例结合 Moldwizard 模块介绍了型腔布局、分型线和分型面的创建、模架调入、标准件的创建、浇注系统和冷却系统的创建等。因此本范例基本上涵盖了 Moldwizard 模块功能的应用，所以在学习过程中必须慢慢领会其中的要点和用法，而且必须明确模具设计思路和流程。

6.2 学习要点

（1）通过 Moldwizard 模块调入参考模型、创建工件及型腔布局。
（2）创建模具分型线和分型面，以及产生型芯和型腔。
（3）通过 Moldwizard 模块调入 HASCO_E 模架功能。
（4）创建模具标准件，如定位圈。
（5）合理分布顶杆，选择顶杆的大小。
（6）创建浇注系统和冷却系统。

6.3 设计流程

（1）创建新工作文件夹，设置工作目录和新建 UG 文件。
（2）调入参考模型。
（3）设置模具坐标系统。
（4）创建工件。
（5）型腔布局。
（6）创建分型线和分型面。
（7）产生型芯和型腔。
（8）选择合适的模架。
（9）创建合理的标准件。
（10）合理创建顶杆。
（11）浇注系统合理的设置。

（12）冷却系统合理的设置。

（13）创建腔体。

6.4 设 计 演 示

6.4.1 调入参考模型

（1）双击桌面的 UG NX5.0 快捷方式图标，或单击"开始"→"程序"→"UG NX5.0"→"NX5.0"。

（2）单击菜单栏中的 文件(F) 按钮，选择其子菜单中的"打开"按钮。

（3）系统自动弹出"打开部件文件"对话框，选择 cover1 文件夹为查找范围，选中 cover1.prt 文件，接着单击"OK"按钮（或按 按钮可以打开文件），通过以上步骤，就将参考模型调入到 UG 软件中，如图 6-1 所示。

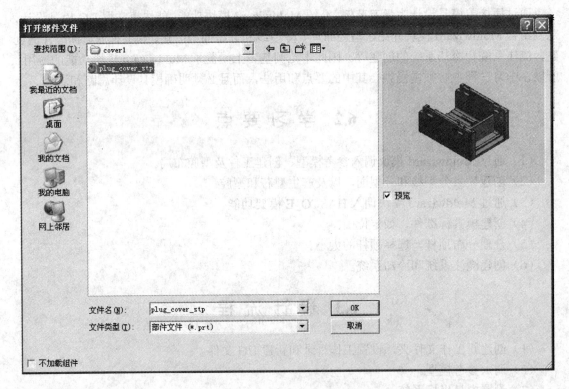

图 6-1

6.4.2 项目初始化

（1）单击菜单栏的 开始· 按钮，在弹出的子菜单中选择"所有应用模块"，在子菜单中选择"注塑模向导"，系统弹出"注塑模向导"的工具栏。

（2）单击"注塑模向导"工具条中的 按钮，接着在弹出的"打开部件文件"对话框中选择 ex10 文件夹为查找范围，选中 ex10.prt 文件，接着单击"OK"按钮。

（3）在弹出的"项目初始化"对话框中，选择"部件材料"为"ABS"，此时系统会自动选择"收缩率"为"1.0060"，然后单击"确定"按钮，完成部件的项目初始化。

6.4.3 设置模具坐标系

（1）调整好坐标系。工件当前的坐标系与开模方向不相符，因此要旋转坐标系，把 Z 轴指向型腔侧。单击菜单栏中的"格式"按钮，选择其子菜单中的"WCS"，在选择其子菜单中的"动态"，此时坐标系处于可编辑状态，然后拉 X 轴——Z 轴之间的小圆球旋转 180°，使 Z 轴指向定模侧，中键确定，如图 6-2 所示。

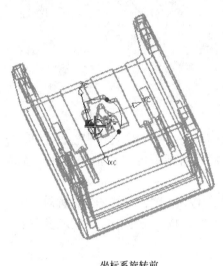 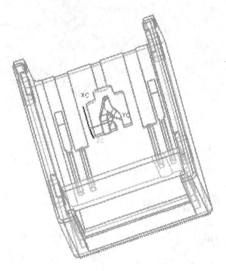

坐标系旋转前　　　　　　　　　　　　　　　　　坐标系旋转后

图 6-2

（2）单击"注塑模向导"工具条中的 按钮，弹出"模具坐标"对话框，设置各参数（一般情况默认即可），然后按下"确定"按钮，锁定坐标系在工件上的位置。

6.4.4 创建工件

（1）单击"注塑模向导"工具条中的 按钮，弹出"工件尺寸"对话框，选择"标准长方体"复选框，选择定义式为"距离容差"。

（2）在工件尺寸中的尺寸输入区的参数，根据具体情况来设定（默认值也可以）。

（3）单击"工件尺寸"对话框中的"应用"按钮，系统自动加入工件，如图 6-3 所示。

（4）单击"工件尺寸"对话框中的"取消"按钮，完成工件的创建。

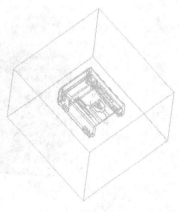

图 6-3

6.4.5 型腔布局

（1）单击"注塑模向导"工具条中的 按钮，弹出"型腔布局"对话框。

（2）将"型腔布局"对话框的设置，"布局"选项中选择"矩形"和"平衡"复选框，"型腔数"设置为"2"，"IST Dist"选项设置为"0"。

（3）单击 开始布局 按钮，选择布局的方向，系统自动布局，如图 6-4 所示。

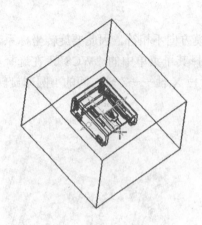
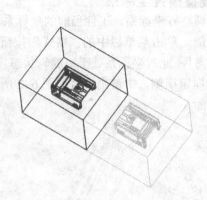

图 6-4

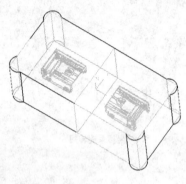

图 6-5

（4）单击"重定位"选项中的 <u>自动对准中心</u> 按钮。完成以后单击"型腔布局"对话框的"取消"按钮，完成型腔布局。

（5）单击 <u>刀槽</u> 按钮，弹出"刀槽"设置对话框，设置其"R=10，类型为 2"，按"确定"按钮完成参数设定，如图 6-5 所示。

6.4.6　修补片面

（1）单击 <u>模具工具</u> 按钮，系统弹出"模具工具"对话框。

（2）单击"模具工具"对话框中的 按钮，系统弹出"补片环选择"对话框，在"环搜索方法"选项中选择"自动"，"修补方法"选项中选择"型芯侧面"，再按"自动修补"按钮，系统自动将模型上的孔补上。

（3）在"补片环选择"的对话框，单击"后退"按钮，完成孔的修补，如图 6-6 所示。

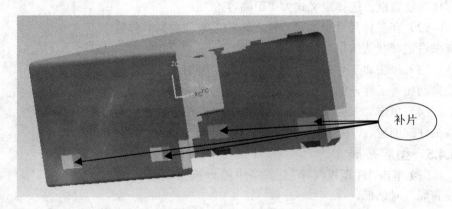

补片

图 6-6

6.4.7　分型

1. 塑模部件的验证

（1）单击"注塑模向导"工具条中的 按钮，弹出"分型管理器"对话框。

（2）单击"分型管理器"对话框中的 ▲ 按钮，弹出"MPV 初始化"对话框。

（3）在"MPV 初始化"对话框中选择"保持现有的"单选框，然后单击"确定"按钮，此时系统会弹出"塑模部件验证"对话框。

（4）在"塑模部件验证"对话框中选择"区域"选项卡，然后单击 设置区域颜色 按钮。系统运算后观察模型的正面和背面颜色，此时系统已经把型腔区域和型芯区域分开。

（5）单击"塑模部件验证"对话框的"取消"按钮，完成塑模部件验证操作。

2．创建分型线

（1）单击"分型管理器"对话框中的 按钮，弹出"分型线"对话框。

（2）在"分型线"对话框中设置"公差"为"0.01"，然后单击 自动搜索分型线 按钮，弹出"搜索分型线"对话框。

（3）单击 选择体 按钮，然后单击"应用"按钮，接着单击"确定"按钮。此时绘图区域内会出现绿色分型线，如图 6-7 所示。

（4）此时系统弹出"分型线"对话框，单击"确定"按钮，完成分型线的创建。

3．分型线分段

（1）单击"分型管理器"对话框中的 按钮，系统弹出"分型段"对话框。

（2）选择"过渡对象"中的 按钮，添加转换点，对分型线进行分段。选中某线段的端

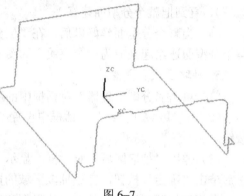

图 6-7

点，单击左键，出现一绿色正方体，然后压中键进行确定，此时正方体变成一个点，如图 6-8 所示。

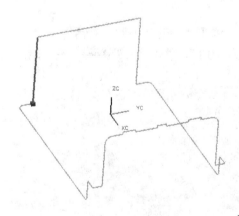
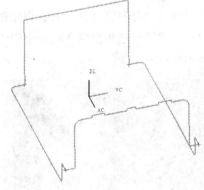

图 6-8

（3）在分型线有起伏或拐弯的地方进行分段，以便分型面的建立，其他地方则没有必要去分段。

（4）然后单击"分线段"对话框中的"取消"按钮，完成分型线的分段。

4．创建分型面

（1）单击"分型管理器"对话框中的 按钮，弹出"创建分型面"对话框。

（2）在"创建分型面"对话框中设置"公差"为"0.01"，"距离"为"60"，然后按下

| 创建分型面 | 按钮。

（3）弹出"分型面"对话框，选择"拉伸"选项。分型线会有一段呈红色，此部分为要编辑分型面的部分。接着设置分型面延伸的方向，单击"拉伸"按钮，进入到"矢量"对话框，在 ▣／／／ 对话框中选择分型面延伸的方向，单击"确定"按钮。弹出另一个方向确认对话框，如果符合要求按"确定"按钮即可，如果不符合，在"矢量方位"中选择 ↗ 按钮，再一次按"确定"按钮。方向设置完成后，系统回到"分型面"对话框，这时可以设定分型面的大小，再按"确定"按钮，会弹出"查看修剪片体"对话框，如果分型面的修补方向正确，直接按"确定"按钮。如果不正确则按 翻转修剪的片体 ，再按"确定"按钮。这时某一段的分型面创建完成。

（4）每段的分型面创建方法用同样方法，也可以选择不同的延伸方法（如有界平面、扫掠等），直到把整个分型面建好。

（5）当整个分型面建好以后，在"创建分型面"对话框中单击"连结分型面"按钮，把整个分型面连结起来成为一个整块，如图6-9所示。

5. 抽取区域和分型线

（1）单击"分型管理器"对话框中的 ▨ 按钮，弹出"区域和直线"对话框。

（2）在"区域和直线"对话框中设置"抽取区域方法"为"边界区域"，然后按下"确定"按钮。

（3）弹出"抽取区域"对话框。显示"总面数：201"、"型腔面：28"、"型芯面：173"，然后单击"确定"按钮，完成抽取区域的操作（提示：使用"抽取区域"功能时，注塑模向导会在相邻的分型线中自动搜索边界面和修补面。如果体的总数不等于分别复制到型芯型腔的面总和，则很可能没有正确定义边界。如果发生这种情况，注塑模向导会提出警告并高亮有问题的面，但是仍然可忽略这些警告并继续提取区域）。

6. 创建型腔和型芯

（1）单击"分型管理器"对话框中的 ▨ 按钮，弹出"型芯和型腔"对话框。

（2）设置"型芯和型腔"对话框中"公差"为"0.1"，单击 自动创建型腔型芯 按钮，结果如图6-10所示。

图6-9

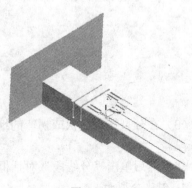

图6-10

（3）在"窗口"菜单下显示 core 和 cavity，如图6-11所示。

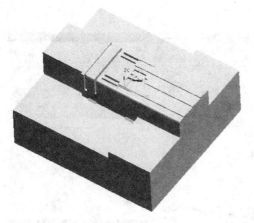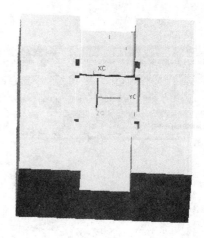

图 6-11

（4）按下"型芯和型腔"对话框中的"后退"按钮，完成型腔和型芯的分割。

（5）单击"分型管理器"对话框中的"关闭"按钮，完成分型操作。

6.4.8 滑块

1. 添加滑块

（1）参考零件的侧壁有 4 个侧孔，需要用滑块解决脱模问题。要在 CAVITY 侧割出滑块。单击菜单栏中"窗口"按钮，在其子菜单中选择"CAVITY"，调入型腔模型。然后单击工具栏中的 按钮，在其子菜单中选择"建模"，进入到建模模块。

（2）在工具栏中选择 按钮。

（3）单击"拉伸"按钮后，弹出"拉伸"对话框，按对话框的要求完成各个参数的设定。先选择要拉伸的面，如图 6-12 所示。再设定拉伸的方向，设定拉伸的长度，其他默认，然后按"应用"按钮。完成拉伸，创建了一个滑块，如图 6-13 所示。

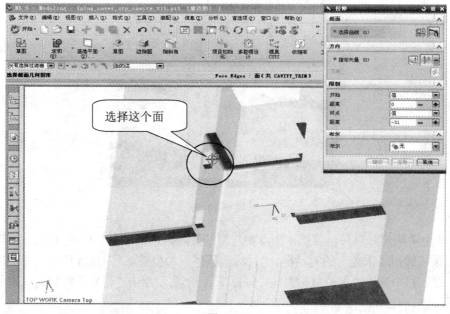

图 6-12

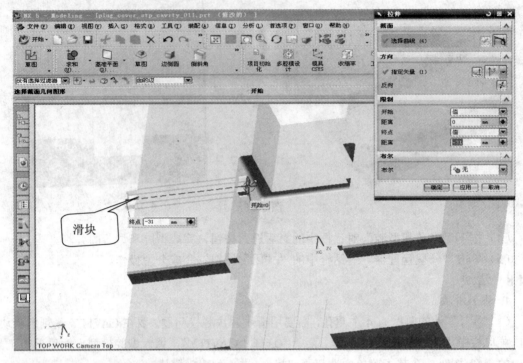

图 6-13

（4）其他 3 个滑块的做法用同样方法，如图 6-14 所示。

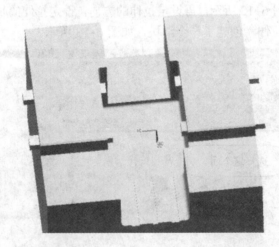

图 6-14

（5）4 个滑块建好以后，要把 4 个滑块与型腔分开。单击工具栏中的"求差"按钮。

（6）系统弹出"求差"的对话框，"目标选择体"为型腔，"刀具选择体"为刚建好的 4 个滑块，设置栏中选上"保持目标"和"保持工具"，然后单击"确定"按钮完成求差，如图 6-15 所示。

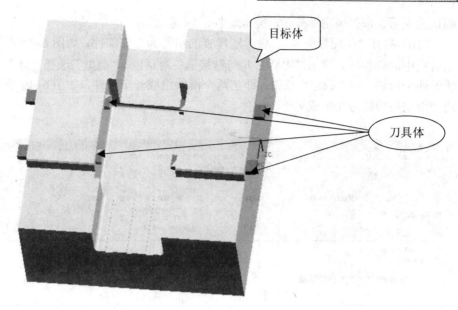

图 6-15

（7）4 个滑块建好以后，把同一侧的两个组成一个组件。即把某两个滑块赋予名字。单击工具栏中的 开始 按钮，在其子菜单中选择"装配"，系统弹出装配的工具栏，如图 6-16 所示。

图 6-16

（8）在菜单栏中单击"装配"按钮，在其子菜单中选择"组件"，又在其子菜单中选择"新建"。

（9）单击"新建"按钮后，弹出"类选择"对话框，此对话框的要求全部默认，直接单击"确定"按钮。系统接着弹出"新建组件"对话框，此对话框中把"新文件名"项中的"名称"和"文件夹"按实际设置即可，其他默认。这里的"名称"为"slider2"，单击"确定"按钮，如图 6-17 所示。然后又弹出"新建组件"对话框，此对话框是确认刚才的新建信息，

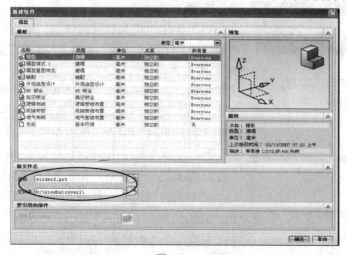

图 6-17

91

确认无误后，按"确定"按钮，完成组件的新建。

（10）打开"装配导航器"，设置刚建立的组件为工作部件，如图 6-18 所示。再单击装配工具栏中的 按钮，弹出"WAVE 几何链接器"对话框，"类型"选择"体"，"体"则选择同侧的两个滑块，按"确定"按钮，即把两个滑块组成一个组件，如图 6-19 所示。另外一侧的两个滑块用同样方法组成另一个组件。

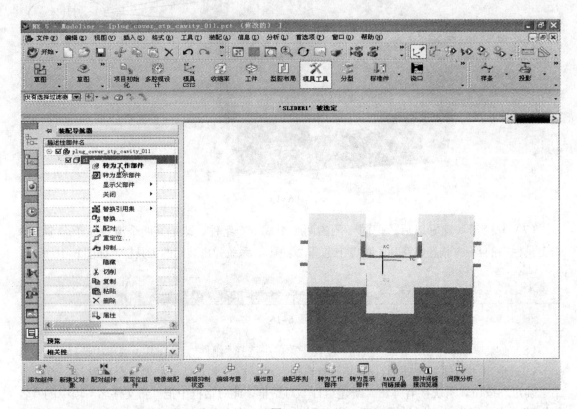

图 6-18

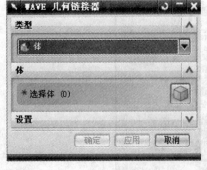

图 6-19

2. 添加滑块头

（1）确定滑块头放置的位置。单击菜单栏中"插入"按钮，在其子菜单中选"曲线"，再在其子菜单中选择"直线"，然后在两块滑块之间画一条直线。单击菜单栏中"格式"按钮，在其子菜单中选"WCS"，再在其子菜单中选择"动态"，此时坐标系处于可编辑状态，让系统自动选取刚才画的直线的中点，单击左键，坐标系自动移到该位置。此时注意 Y 轴的指向，它一定要指向型腔内侧，如果不是，则要旋转坐标系，如图 6-20 所示。

（2）创建滑块头。单击"模具工具"中的 按钮，在其子菜单中选择 滑块和浮升销，系统弹出"Slider/Lifter Design"对话框，选择"Push-Pull Slide"，再单击"尺寸"选项卡，进去修改滑块头的大小（滑块头的大小按实际情况设定，练习过程中可以默认它的大小），如图 6-21、图 6-22 所示。

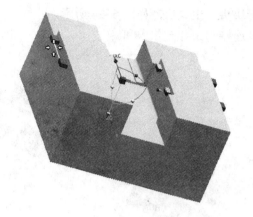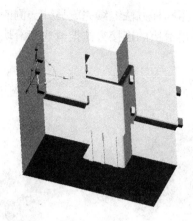

图 6-20

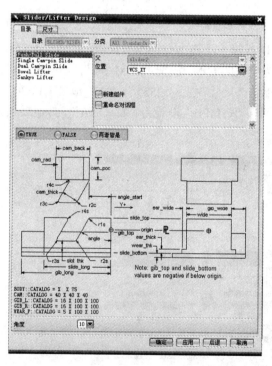

图 6-21

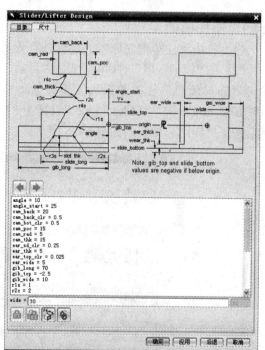

图 6-22

这里选一些数据修改来做示范：

Cam_back=20

Cam_poc=15

Gib_long=70

Gib_with=10

Slide_top=60

Wide=30

修改完后按"确定"按钮，系统自动在指定位置生成滑块头，如图 6-23 所示。

（3）用同样方法继续完成另外一侧的滑块头。生成后，如图 6–24 所示。

（4）用滑块的连接方法把滑块和滑块头连接起来并布尔求和。

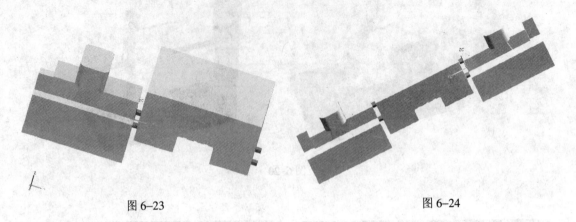

图 6–23   图 6–24

6.4.9 添加模架

（1）单击"注塑模向导"工具条中的 ▦ 按钮，弹出"模架管理"对话框。

（2）在"模架管理"对话框中设置"目录"为龙记的大水口模架"LKM_SG"，类型为"A"，参考"布局信息"栏的数据设置模架的各参数，"尺寸"为"2525"，"AP_h=Z_UP=30"，"BP_h=Z_down=35"，"Mold_type"设置为"I 型"，"GTIPE"设置为"1：On A"，其他默认，然后按下"应用"按钮，如图 6–25 所示。

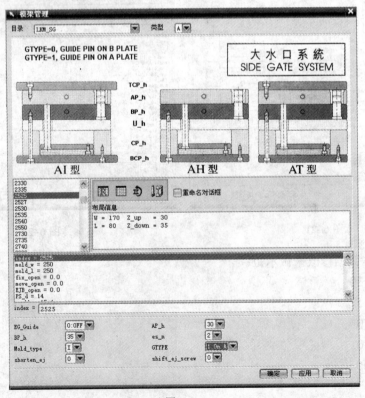

图 6–25

（3）经过运算后加入模架，如图 6-26 所示。

图 6-26

6.4.10 添加标准件

1. 添加定位环

（1）单击"注塑模向导"工具条中的 按钮，弹出"标准件管理"对话框。

（2）设置"标准件管理"对话框的参数，"目录"为"DME_MM"，"Injection"中选择"Locating Ring［With screws］"，"DIAMETER" 的下拉列表中选择"100"，如果要修改其他具体的数据，单击"尺寸"按钮，进入到该目录下修改，如图 6-27、图 6-28 所示。然后单击"应用"按钮，如图 6-29 所示。

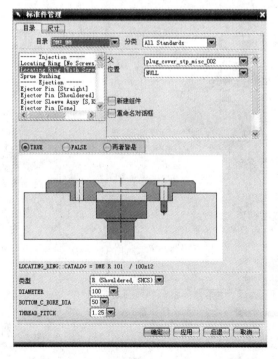

图 6-27

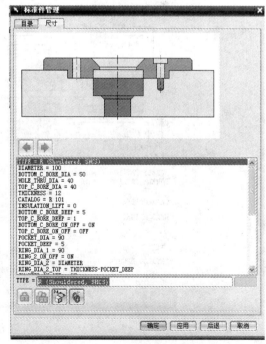

图 6-28

图 6-29

2. 添加浇口衬套

（1）单击"标准件管理"对话框中的"Injection"中的"Sprue Bushing"选项，在"CATALOG _DIA"的下拉列表中选择"12"，"o"下拉列表中选择"3.5"。单击"尺寸"选项卡中选择"CATALOG_LENGTH"将其设为"35"，"HEAD_DIA"将其设置为"40"，如图6-30所示，完成后单击"应用"按钮。

（2）加入浇口衬套后的效果如图6-31所示。

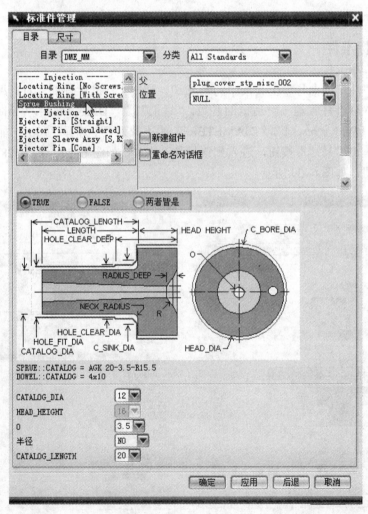

图 6-30

图 6-31

3. 添加顶杆

（1）单击"标准件管理"对话框中的"Ejecton"中的"Ejector Pin［Straight］"选项，"CATALOG_DIA"下拉列表中选择"2"，"CATALOG_LENGTH"下拉列表中选择"100"，"HEAD_TYPE"下拉列表中选择"1"，也可以进入"尺寸"选项卡里面修改尺寸。单击"应用"按钮，如图 6-32 所示（添加顶杆前可以把不必要的部分隐藏起来，只留下动模板和型芯，这样添加时会容易操作些）。

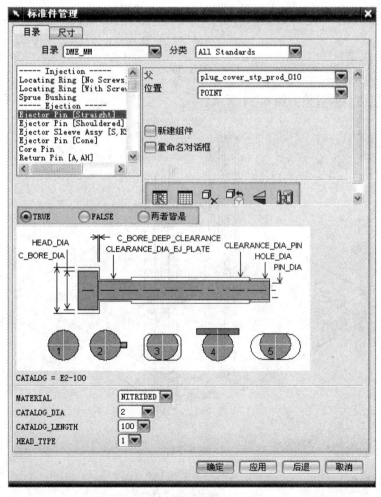

图 6-32

（2）此时会弹出"点"对话框，此对话框是要求设置顶杆的放置位置。在"类型"选项卡里面可以选择不同的设置方法。本例以"光标位置"为例进行顶杆的放置。在对话框的"类型"中选择"光标位置"，然后模型找到适合放顶杆的位置，单击左键即可。放置好以后单击"点"对话框中的"取消"按钮，如图 6–33 所示。

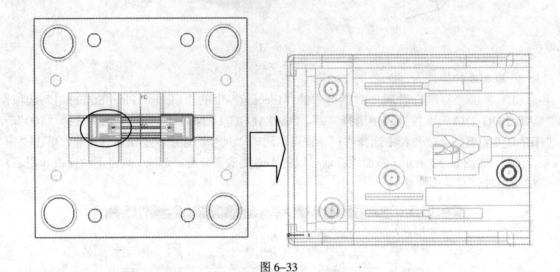

图 6–33

（3）顶杆生成后的效果如图 6–34 所示。

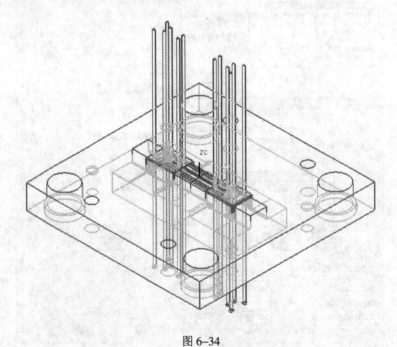

图 6–34

4. 顶杆后处理

（1）单击"注塑模向导"工具条中的 ![按钮] 按钮，弹出"顶杆后处理"对话框。

（2）设置"顶杆后处理"对话框，选择"选择步骤"中的 ![按钮] 按钮，在"修剪过程"选项卡中，选择"片体修剪"和"TRUE"点选框，如图6-35所示。

（3）选中一侧模仁的6根顶杆，如图6-36所示。

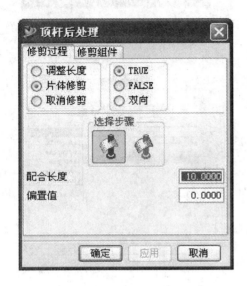

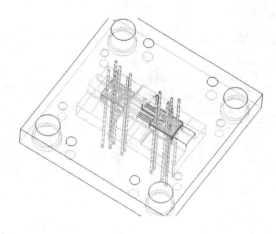

图6-35   图6-36

（4）然后单击"选择步骤"中的 按钮，设置"修剪曲面"方式为选择面，如图 6-37 所示。

（5）选择如图6-38所示的一张曲面。

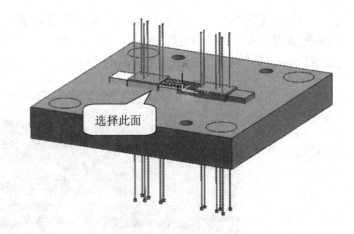

图6-37   图6-38

（6）完成后单击"顶杆后处理"对话框中的"应用"按钮，如图6-39所示（为了读者看得更清楚，这里的效果图只选整个模型的一半。）

（7）单击"顶杆后处理"对话框中的"取消"按钮，完成顶杆的修剪。

5. 添加浇口

（1）单击"注塑模向导"工具条中的 按钮，弹出"浇口设计"对话框。

（2）在"浇口设计"对话框中，设置"平衡"为"是"，"位置"为"型芯"，"类型"为

"Pin"，"L=6"，然后按"应用"按钮，如图6–40所示。

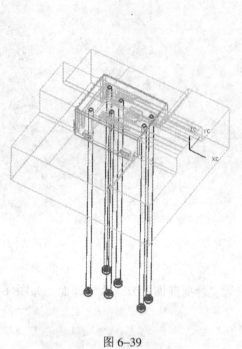

图6–39

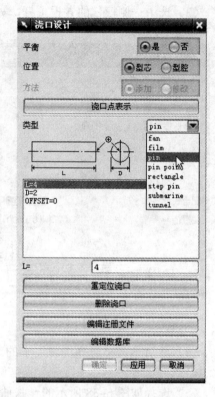

图6–40

（3）系统弹出"点"的对话框，在"类型"选项卡中选择"自动判断的点"，在型芯上找到放置浇口的点，单击左键选中，又弹出"矢量"对话框，此对话框是选择浇口放置的方向，选–XC轴，按"确定"按钮，如图6–41所示。

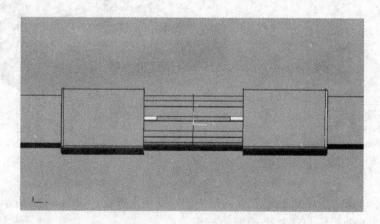

图6–41

6. 添加流道

（1）单击"注塑模向导"工具条中的 按钮，弹出"流道设计"对话框。

（2）在"流道设计"对话框中的"可用图样"下拉列表中选择"2腔"，将"A"值设置为"100",如图6–42所示。

图6–42

图6–43

（3）单击"定义方式"的 按钮，弹出对话框，如图6–43所示。单击"点子功能"，弹出"点"的对话框，设置"类型"为 圆弧中心/椭圆中心/球心 ，选择刚建的两个浇口的圆心连一直线按"确定"按钮，生成流道的引导线。再单击 按钮，选择"横截面"并设置它的直径为8，然后按"确定"按钮，如图6–44所示。

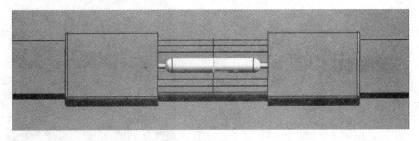

图6–44

7. 添加冷却管道

（1）单击"注塑模向导"工具条中的 按钮，弹出"Cooling Component Design"（冷却管道设计）对话框，如图6–45所示。

（2）在"Cooling Component Design"对话框中选择冷却管类型为"COOLING HOLE"，在"PIPE_THREAD"下拉列表中选择"M10"选项，然后单击"尺寸"选项卡，把"HOLE_1_DEPTH"改为"200"，"HOLE_2_DEPTH"改为"200"，如图6–45所示。

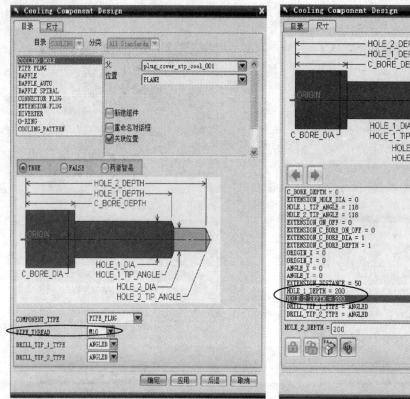
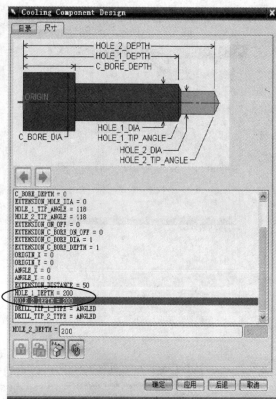

图 6–45

（3）完成后按下"Cooling Component Design"对话框中的"应用"按钮，此时弹出"选择一个面"对话框，如图 6–46 所示，然后选择平面，如图 6–47 所示。

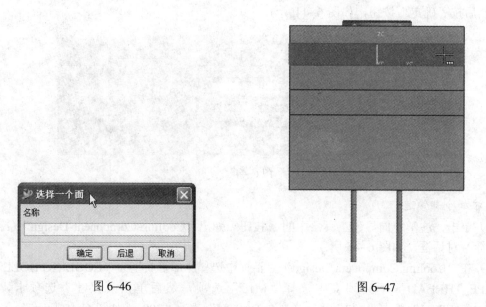

图 6–46   图 6–47

（4）弹出"点"对话框，在"类型"选项卡中选择"光标位置"，在合适的位置单击左键确定管道的位置，系统弹出一个确认"位置"的对话框，如果位置正确直接按"确定"按钮，不正确再重新设置，然后按"确定"按钮，如图 6–48 所示。

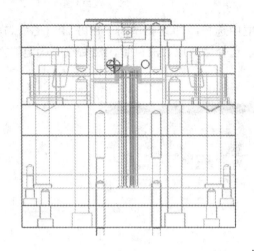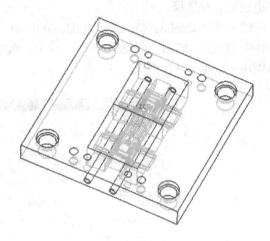

图 6–48

（5）用同样方法添加另一条管道。如图 6–49、图 6–50 所示。

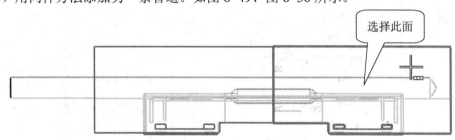

选择此面

图 6–49

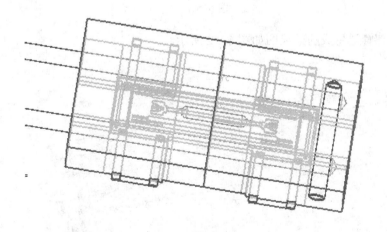

图 6–50

8. 添加堵塞

（1）单击"注塑模向导"工具条中的 按钮，弹出"Cooling Component Design"（冷却管道设计）对话框。

（2）在"Cooling Component Design"对话框中选择冷却管类型为"PIPE PLUG"，在"PIPE_THREAD"下拉列表中选择"M10"选项，选择堵塞放置的位置，然后按"确定"按钮完成，如图6-51所示。

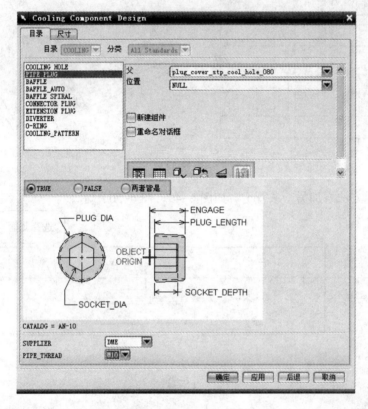

图 6-51

（3）最后全部管道生成的效果图如图6-52所示。

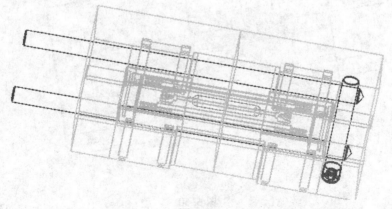

图 6-52

9. 添加水嘴

（1）单击"注塑模向导"工具条中的 按钮，弹出"Cooling Component Design"（冷却管道设计）对话框，如图6-53所示。

（2）在"Cooling Component Design"对话框中选择冷却管类型为"CONNECTOR PLUG"，在"PIPE_THREAD"下拉列表中选择"M10"选项，选择水口要放置在的管道，然后单击"确定"，如图6-52所示。系统自动添加，如图6-54所示。

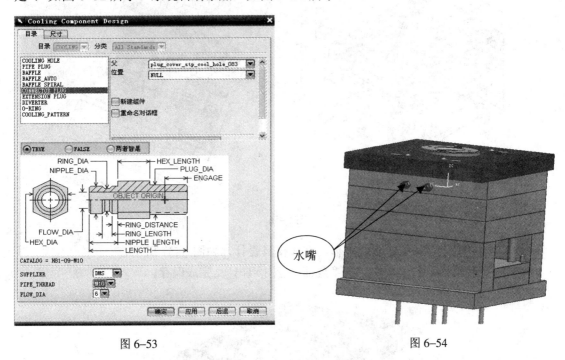

图6-53   图6-54

10. 建立腔体

（1）显示所有部件，单击"注塑模向导"工具条中的 按钮，弹出"腔体管理"对话框，如图6-55所示。

图6-55

（2）单击"腔体管理"对话框中的▨按钮，选择模具模板、型腔和型芯为目标体，单击▨按钮选择定位环、主流道、浇中、顶杆和冷却系统为刀具体，如图6-56所示。

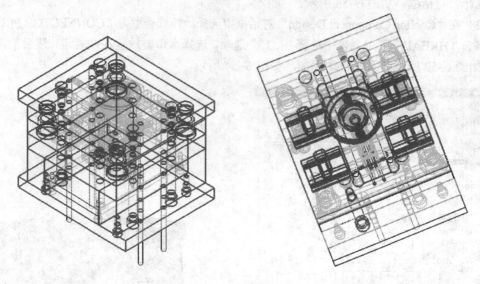

图 6-56

（3）单击"确定"按钮，建立腔体，完成模具设计，如图6-57所示。

（4）选择菜单栏下的"文件"→"全部保存并退出"，完成保存。

图 6-57

第7章

液晶显示器面板模具设计范例

7.1 范 例 分 析

学习 UG Moldwizard 模具设计前，最好具备一定的注塑模具设计理论知识，这样学起来会轻松许多。现在以液晶显示器面板模具设计为学习范例，如图 7-1 所示。

图 7-1

通过 Moldwizard 模块功能介绍液晶显示器面板模具设计，能快捷掌握 UG 模具设计，范例结合 Moldwizard 模块介绍了型腔布局、分型线和分型面的创建、模架调入、标准件的创建、浇注系统和冷却系统的创建等。因此本范例基本上涵盖了 Moldwizard 模块功能的应用，所以在学习过程中必须慢慢领会其中的要点和用法，而且必须明确模具设计思路和流程。

7.2 学 习 要 点

（1）通过 Moldwizard 模块调入参考模型、创建工件及型腔布局。
（2）创建模具分型线和分型面，以及产生型芯和型腔。
（3）通过 Moldwizard 模块调入 HASCO_E 模架功能。
（4）创建模具标准件，如定位圈。
（5）合理分布顶杆，选择顶杆的大小。
（6）创建浇注系统和冷却系统。

7.3 设计流程

（1）创建新工作文件夹，设置工作目录和新建 UG 文件。

（2）调入参考模型。

（3）设置模具坐标系。

（4）创建工件。

（5）型腔布局。

（6）创建分型线和分型面。

（7）产生型芯和型腔。

（8）选择合适的模架。

（9）创建合理的标准件。

（10）合理创建顶杆。

（11）浇注系统合理的设置。

（12）冷却系统合理的设置。

（13）创建腔体。

7.4 设计演示

7.4.1 项目初始化

（1）在资源管理器下创建新文件夹，给文件夹取名为 lcd_panel_stp，将训练文件 lcd_panel_stp.prt 复制到该文件夹中。

（2）双击桌面的 UG NX5.0 快捷方式图标，或单击"开始"→"程序"→"UG NX5.0" →"NX5.0"。

（3）选择"注塑模向导"按钮。

（4）单击"注塑模向导"工具条中的 按钮，接着在弹出的"打开部件文件"对话框中选择 Lcd_panel_stp 文件夹为查找范围，选中 Lcd_panel_stp.prt 文件，接着单击"OK"按钮，如图 7-2 所示。

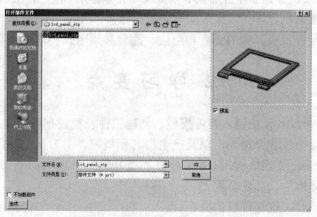

图 7-2

（5）系统运算后弹出的"项目初始化"对话框中，选择"部件材料"为"ABS"，此时系统会自动选择"收缩率"为"1.0050"，完成后按下"确定"按钮，如图7-3所示。

（6）系统经过运算后绘图区域内如图7-4所示。

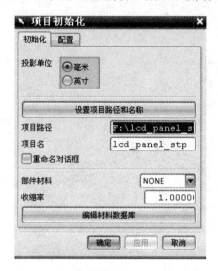

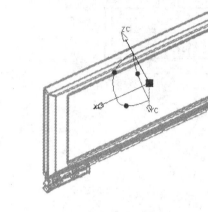

图7-3   图7-4

7.4.2 设置模具坐标系统

（1）单击"注塑模向导"工具条中的 按钮，弹出"模具坐标"对话框，设置参数，如图7-5所示。然后按下"确定"按钮，系统经过运算后设置模具坐标与工作坐标系相匹配，如图7-6所示。

（2）选择菜单栏中的"格式"→"WCS"→"旋转"命令，此时弹出"旋转WCS"对话框，选择"+YC轴：ZC→XC"为旋转轴"角度"为"180"，然后单击"确定"。

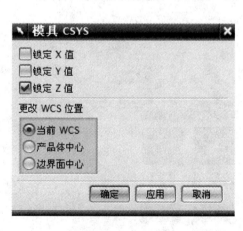

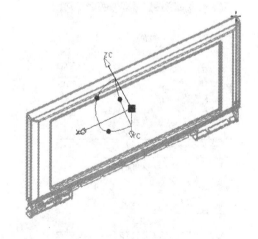

图7-5   图7-6

7.4.3 创建工件

（1）单击"注塑模向导"工具条中的 按钮，弹出"工件尺寸"对话框选择"标准长方体"复选框，选择定义式为"距离容差"，如图7-7所示。

（2）单击"工件尺寸"对话框中的"取消"按钮，完成工件的创建，如图7-8所示。

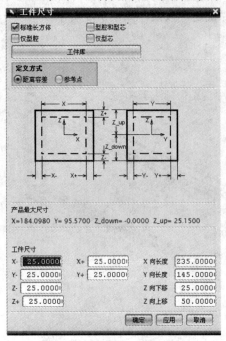

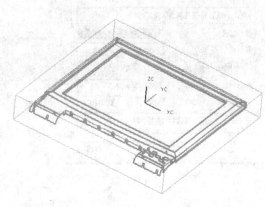

图7-7   图7-8

7.4.4　型腔布局

（1）单击"注塑模向导"工具条中的 ⚏ 按钮，弹出"型腔布局"对话框，如图7-9所示。

（2）单击"刀槽"按钮，弹出"刀槽"对话框，进行操作，如图7-10所示。操作过程"R"改为10，"类型"改为2。

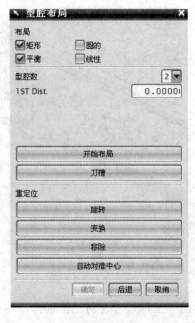

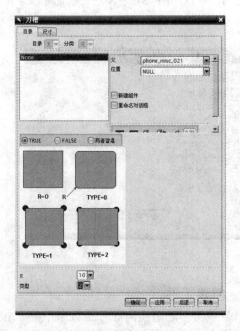

图7-9   图7-10

7.4.5 分型

1. 塑模部件验证

（1）单击"注塑模向导"工具条中的 按钮，弹出"分型"对话框，如图7-11所示。

（2）单击"分型管理器"对话框中的 按钮，弹出"MPV初始化"对话框，如图7-12所示。

图7-11

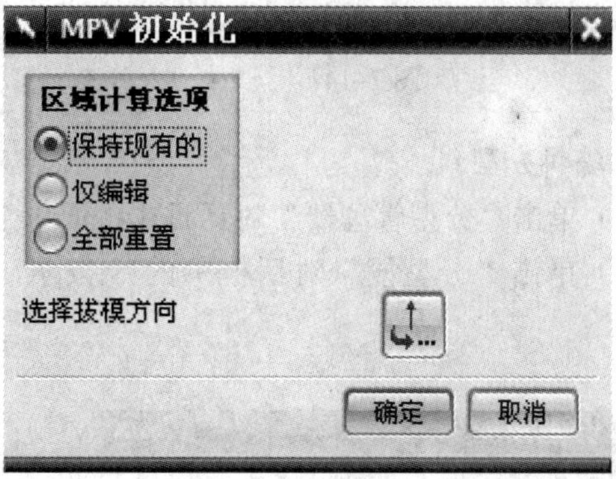

图7-12

（3）在"MPV初始化"对话框中选择"保持现有的"单选框，然后单击"确定"按钮，此时系统会弹出"塑模部件验证"对话框，如图7-13所示。

（4）在"塑模部件验证"对话框中选择"区域"选项卡，然后单击 设置区域颜色 按钮。系统运算后观察模型的正面和背面颜色，系统已经把型腔区域和型芯区域分开，此时发现系统自动搜索的型芯和型腔的面有一部分是错误，所以要考虑手动搜索分型线。

（5）单击"塑模部件验证"对话框的"取消"按钮，完成塑模部件验证操作。

（6）单击"分型管理器"对话框中的 按钮，弹出"补片环选择"对话框，设置"循环搜索方法"为"区域"，"显示循环类型"为"内部循环边缘"，单击 自动修补 按钮，完成操作。

图7-13

2. 创建分型线

（1）单击"分型管理器"对话框中的 按钮，弹出"分型线"对话框，如图7-14所示。

（2）在"分型线"对话框中设置"公差"为"0.01"。

（3）单击"分型线"对话框的"确定"按钮完成分型线的创建，如图7-15所示。

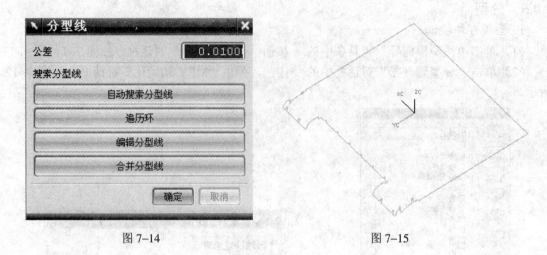

图 7-14   图 7-15

3. 编辑分型线

（1）单击"分型管理器"对话框中的 按钮，弹出"分型段"对话框，如图 7-16 所示。

（2）单击"分型段"对话框中的 按钮，此时系统会弹出"点"对话框，如图 7-17 所示。

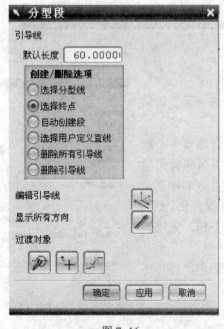

图 7-16

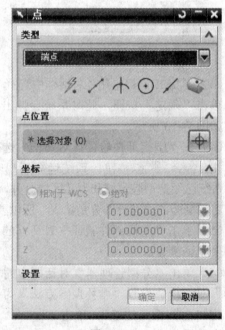

图 7-17

4. 创建分型面

（1）单击"分型管理器"对话框中的 按钮，弹出"创建分型面"对话框，如图 7-18 所示。

（2）在"创建分型面"对话框中设置"公差"为"0.01"，"距离"为"60"，然后按下

创建分型面   按钮。

（3）弹出"分型面"对话框，然后选择"有界平面"选项，如图7-19所示。此时绘图区域内的会有一段分型线变为红色，如图7-20所示。单击"分型面"对话框中的 第二方向 按钮。

图7-18

图7-19

（4）弹出"矢量"对话框，选择"自动"中"XC轴"为分型面的延伸方向，如图7-21所示。

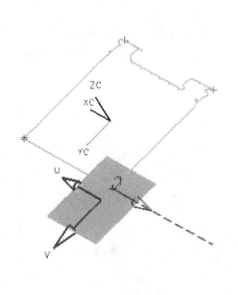

图7-20

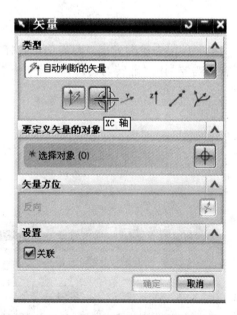

图7-21

（5）单击"分型面"对话框中的 第一点方向 按钮，弹出"矢量造器"对话框，选择"自动"中"-XC轴"为分型面的延伸方向，如图7-22所示，两个延伸方向向外。

（6）弹出"有界平面"对话框，钩上"全部锁定"选项，利用鼠标将"百分比"调整为"155"，如图7-23所示，然后单击"确定"按钮。

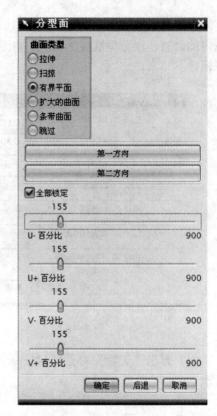

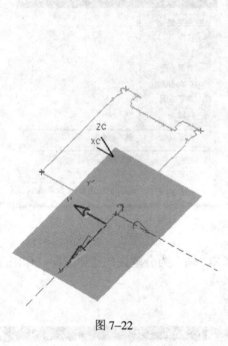

图 7-22   图 7-23

（7）此时系统会弹出"查看剪切片体"对话框，如图 7-24 所示。单击"确定"按钮，可以根据需要利用"翻转剪切片体"按钮来调整分型面的生成方向，完成后的分型面，如图 7-25 所示。

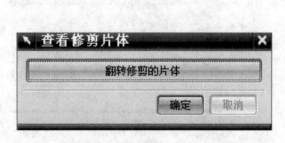

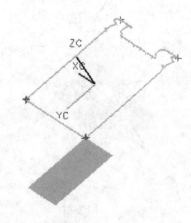

图 7-24   图 7-25

（8）此时为第二段分型线的分型面的创建，如图 7-26 所示。选择"分型面"对话框中的"曲面类型"里面的"拉伸"选项，单击 拉伸方向 按钮。

（9）此时弹出"矢量造器"对话框，选择"自动"中"-YC 轴"为分型面的延伸方向，然后利用鼠标将"曲面延伸距离"调整为"150.06"，然后单击"确定"按钮。完成后的分型面，如图 7-27 所示。

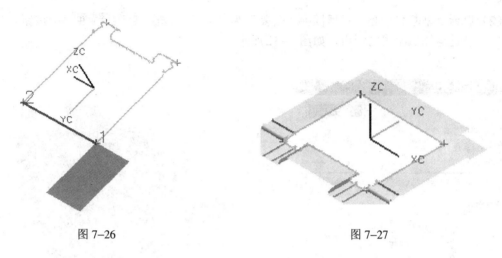

图 7-26   图 7-27

5. 抽取区域

（1）单击"分型管理器"对话框中的 按钮，弹出"区域和直线"对话框，如图 7-28 所示。

（2）在"区域和直线"对话框中设置"抽取区域方法"为"边界区域"，然后按下"确定"按钮。

（3）弹出"抽取区域"对话框，如图 7-29 所示。显示"总面数：222"、"型腔面：91"、"型芯面：131"，然后单击"确定"按钮，完成抽取区域的操作。

图 7-28

图 7-29

115

6. 创建型腔和型芯

（1）单击"分型管理器"对话框中的  按钮，弹出"型芯和型腔"对话框，如图 7–30 所示。

（2）设置"型芯和型腔"对话框中"公差"为"0.1"，单击 自动创建型腔型芯 按钮。

（3）经过运算后绘图区域内，如图 7–31 所示。

图 7–30

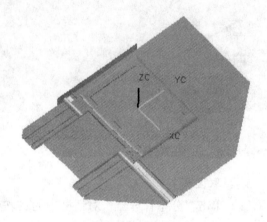

图 7–31

（4）单击"分型管理器"对话框中"关闭"按钮，完成分型操作，如图 7–32 所示。

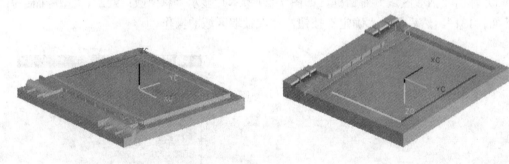

图 7–32

7.4.6　添加模架

（1）单击"注塑模向导"工具条中的 按钮，弹出"模架管理"对话框。

（2）在"模架管理"对话框中设置"目录"为"LKM_SC"，"尺寸"为"5055"，"AP_h"为"50"，因为"AP_h"的大小应大于"Z_up"，如图 7–33 所示，然后按下"应用"按钮。

（3）经过运算后加入模架，如图 7–34 所示。在绘图区域没有模型的处单击鼠标右键，在弹出的快捷菜单中选择"定向视图"→"前视图"，或按下"Ctrl+Alt+F"组合键。使视角为主视，如图 7–35 所示。判断模架放置的方向是否正确，确定模架正确后，单击"取消"按钮。

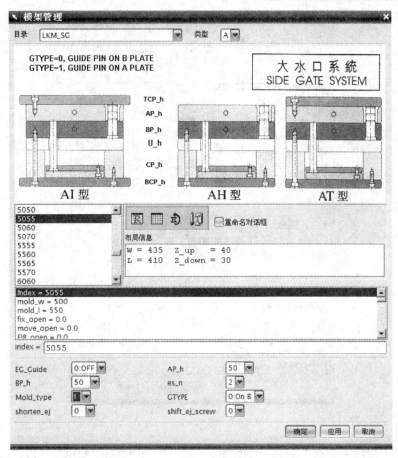

图 7-33

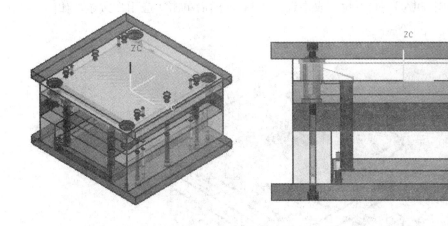

图 7-34   图 7-35

7.4.7 添加标准件

1. 添加定位环

（1）单击"注塑模向导"工具条中的 ![按钮] 按钮，弹出"标准件管理"对话框，如图 7-36 所示。

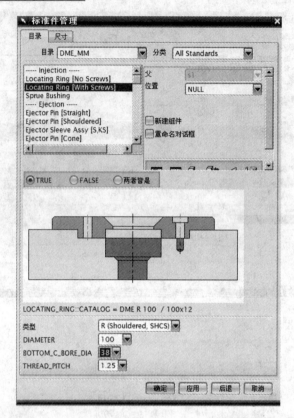

图 7-36

（2）设置"标准件管理"对话框的参数，"目录"为"DME_MM"，"Locating Ring"中选择"Locating Ring [With Screws]"，"DIAMETER"的下拉列表中选择"100"，"BOTTOM_C_BORE_DIA"的下拉列表中选择"38"，然后单击"应用"按钮，如图 7-37 所示。

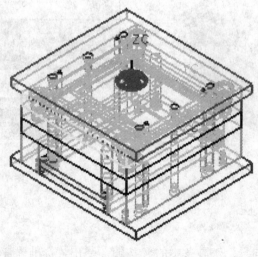

图 7-37

2. 添加主流道

单击"标准件管理"对话框中"Injection"里面的"Sprue Bushing"选项，在"CATALOG_DIA"的下拉列表中选择"12"，"RADIUS_DEEP"下拉列表中选择"0"，"TAPER"下拉列表中选择"1.0"，"o"下拉列表中选择"3.5"，如图 7–38 所示。选择"尺寸"选项卡里面的"CATALOG_LENGTH"，将其设为"60"，如图 7–39 所示，完成后单击"应用"按钮。

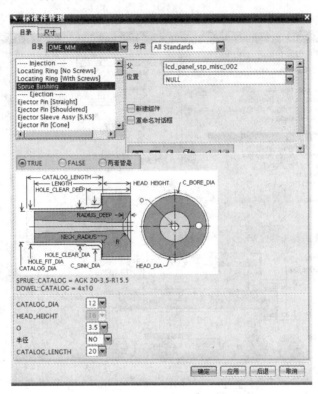

图 7–38

```
CATALOG_DIA = 12
HEAD_HEIGHT = 16
O = 3.5
RADIUS = NO
R = 15.5
RADIUS_DEEP = 0
CATALOG_LENGTH = 60
TAPER = 1.5
HEAD_DIA = 28
TIMING = DOWEL_SIDE // DOWEL_TOP//NONE//DOWEL_SIDE//SCREW//
LENGTH = CATALOG_LENGTH
DOWEL_DIA = 4
FUTABA_CONE = 0
CIRCLE_DIA = 20
C_BORE_DIA = HEAD_DIA+0.25
C_SINK_DIA = CATALOG_DIA+(NECK_RADIUS*2)+1.5
DOWEL_ENGAGE_SIDE = 6
DOWEL_HOLE_SIDE_DEEP = 6
DOWEL_ENGAGE_TOP = 6
DOWEL_HOLE_TOP_DEEP = 6 // 6.35
```

图 7–39

3. 添加顶杆

（1）单击"标准件管理"对话框中"Ejecton"里面的"Ejector Pin［Straight］"选项，在"CATALOG"的下拉列表中选择"Z40"，"CATALOG_DIA"下拉列表中选择"3"，"CATALOG_LENGTH"下拉列表中选择"500"，"HEAD_TYPE"下拉列表中选择"1"，如图 7-40 所示，单击"应用"按钮。

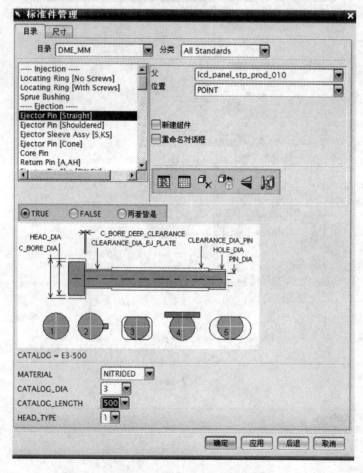

图 7-40

（2）此时会弹出"点构造器"对话框，设置顶杆基点为(170，154，0)，然后单击"确定"按钮或按下"Enter"键，接着用同样的方法输入顶杆基点分别是：（-170，154，0）、（170，-84，0）、（170，84，0）、（120，154，0）、（-120，154，0）、（-70，154，0）、（70，154，0）、（-120，-100，0）、（120，-100，0）、（-70，-100，0）、（70，-100，0）、（-170，-95，0）、（170，-95，0）、（-170，0，0）、（170，0，0），如图 7-41 所示。

（3）单击"取消"按钮，退出"点构造器"对话框，单击"标准件管理"对话框中"取消"按钮，完成顶杆效果图如图 7-42 所示。

4. 顶杆后处理

（1）隐藏不必要的部件，只显示顶杆和型芯。

 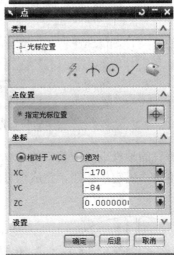

图 7–41

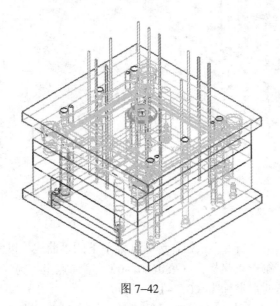

图 7–42

（2）单击"注塑模向导"工具条中的 按钮，弹出"顶杆后处理"对话框，如图 7-43 所示。

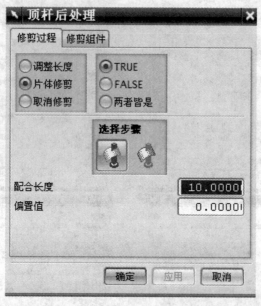

图 7-43

（3）选中所有的顶杆或选中其中的 4 根，如图 7-44 所示。

（4）直接单击"确定"按钮，完成顶杆的修剪，如图 7-45 所示。

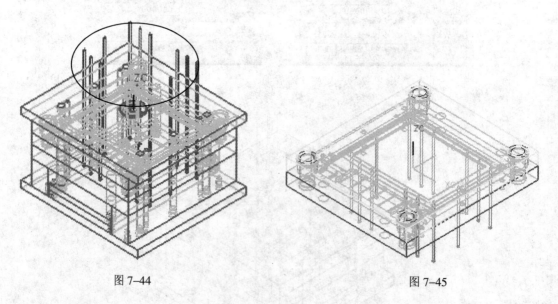

图 7-44   图 7-45

5. 添加浇口

（1）在工具栏中单击"插入"按钮，选择其菜单下的"曲线"里面的"直线"，画一条直线，如图 7-46 所示。第一点坐标为（-80，0，0），第二点坐标为（132，0，0），第三点坐标为（0，145，0），第四点坐标为（0，-145，0）。

（2）单击"注塑模向导"工具条中的 按钮，弹出"浇口设计"对话框，如图 7-47 所示。类型设置为"rectangle"、"L"为"12"、"H"为"2"、"B"为"6"。

（3）在"浇口设计"对话框中设置"位置"为"型芯"，然后单击 浇口点表示 按钮。

（4）弹出"浇口点"对话框，如图 7-48 所示，然后单击"点子功能"按钮，弹出"点选择"对话框，如图 7-49 所示。选择直线的某一端点，单击"确定"按钮，回到"浇口设计"对话框，单击"应用"，如图 7-50 所示。

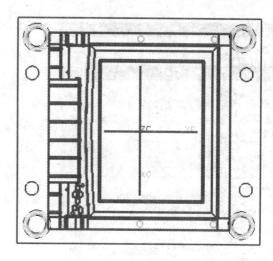

图 7-46

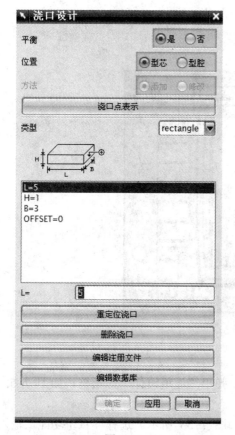

图 7-47

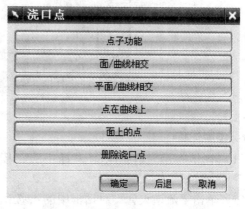

图 7-48

（5）判断位置和大小正确后单击"取消"按钮，如图 7-51 所示。

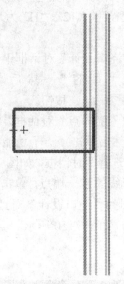

图 7-49   图 7-50

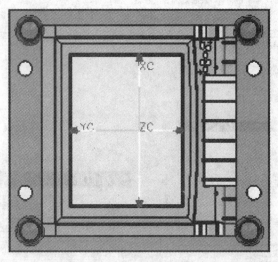

图 7-51

6. 添加流道

（1）单击"注塑模向导"工具条中的 ⬛ 按钮，弹出"流道设计"对话框，如图 7-52 所示。

（2）单击"流道设计"对话框中的 ✒ 按钮，如图 7-53 所示。选择"点子功能"输入点（-78，0，0）、（130，0，0）、（0，143，0）和点（0，-143，0），单击"确定"按钮，回到"流道设计"对话框，单击 ⬛ 按钮，然后按"确定"按钮。

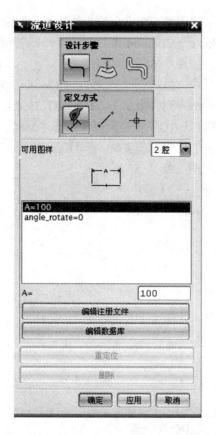

图 7-52

图 7-53

（3）系统经过运算后生成分流道，如图 7-54 所示，单击"流道设计"对话框中的"取消"按钮。

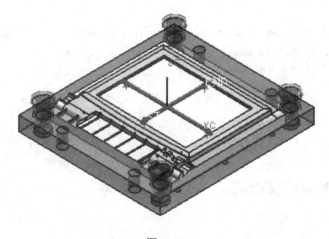

图 7-54

7. 添加冷却管道

（1）打开装配导航器，关闭不必要的结点，或者按"CTRL+B"隐藏不必要的部件，如图 7-55 所示。

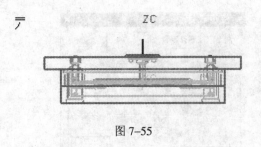

图 7-55

（2）单击"注塑模向导"工具条中的 按钮，弹出"Cooling Component Design"（冷却管道设计）对话框，如图 7-56 所示。

（3）在"Cooling Component Design"对话框中选择冷却管类型为"COOLING HOLE"，在"PIPE_THREAD"下拉列表中选择"M8"选项，然后单击"尺寸"选项卡，把"HOLE_1_DEPTH"

改为"550"，"HOLE_2_DEPTH"改为"550"，完成后如图 7-57 所示。

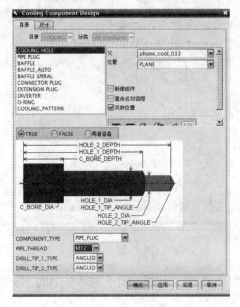

图 7-56

```
EXTENSION_DISTANCE = 50
HOLE_1_DEPTH = 550
HOLE_2_DEPTH = 550
DRILL_TIP_1_TYPE = ANGLED
DRILL_TIP_2_TYPE = ANGLED
```

图 7-57

（4）完成后按下"Cooling Component Design"对话框中的"应用"按钮，此时弹出"选择一个面"对话框，如图 7-58 所示，然后选择平面，如图 7-59 所示。

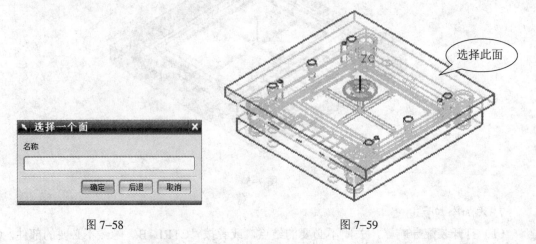

图 7-58

图 7-59

（5）弹出"点"对话框，如图 7-60 所示，输入冷却管道位置（-160，7，0），按下"Enter"

键，弹出"位置"对话框，单击"确定"按钮，又弹出"点构造器"对话框，分别输入（160，7，0）、（–80，7，0）、（80，7，0），最后弹出"位置"对话框，单击"取消"按钮。

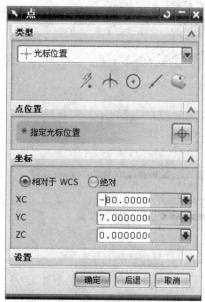
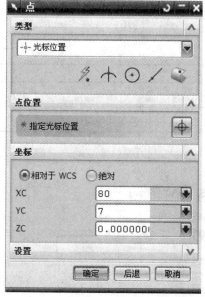
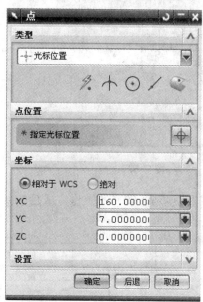

图 7–60

（6）重复步骤（2）～步骤（4）的操作，选择另一侧，在"Cooling Component Design"对话框中选择冷却管类型为"COOLING HOLE"，在"PIPE_THREAD"下拉列表中选择"M8"选项，然后单击"尺寸"选项卡，把"HOLE_1_DEPTH"改为"500"，"HOLE_2_DEPTH"改为"500"，输入冷却管道位置点为（–80，7，0）和（80，7，0），完成后如图 7–61 所示。

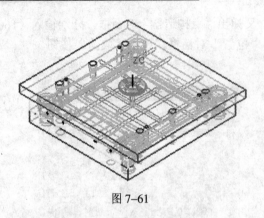

图 7-61

（7）在"Cooling Component Design"对话框中选择冷却管类型为"PIPE PLUG"，"位置"为"PLANE"。然后单击"尺寸"选项卡，把"PIPE THREAD"修改为"M8"，如图 7-62 所示。

（8）完成后按下"Cooling Component Design"对话框中的"应用"按钮，此时弹出"选择一个面"对话框，选择各个管道的圆心位置，弹出"位置"对话框，单击"确定"按钮，如图 7-63 所示。

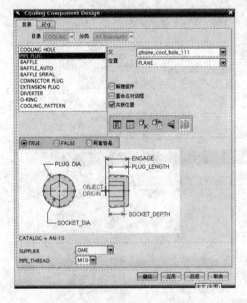

图 7-62

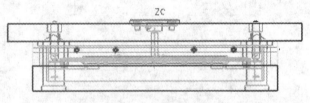

图 7-63

（9）重复步骤（8）的操作完成后的效果图如图 7-64 所示。

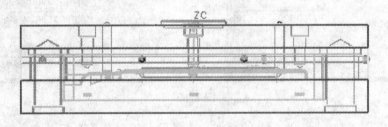

图 7-64

（10）添加进水口，在"Cooling Component Design"对话框中选择冷却管类型为"EXTENSION PLUS"，"位置"为"PLANE"。然后单击"尺寸"选项卡，把"PIPE THREAD"修改为"M8"，如图 7-65 所示。

7.4.8 建立腔体

（1）显示所有部件，单击"注塑模向导"工具条中的 按钮，弹出"腔体管理"对话框，如图7-66所示。

（2）单击"腔体管理"对话框中的 按钮，选择模具模板、型腔和型芯为目标体，如图7-67所示，单击 按钮，选择定位环、主流道、浇中、顶杆和冷却系统为刀具体，如图7-68所示。

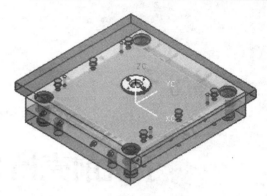

图 7-65

图 7-66

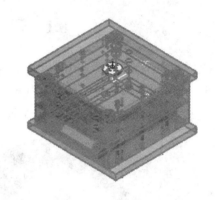

图 7-67

（3）单击"确定"按钮，建立腔体，完成模具设计，如图7-69所示。

（4）选择菜单栏下的"文件"→"全部保存并退出"，完成保存工作，退出 UG NX 软件。

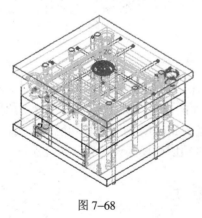

图 7-68

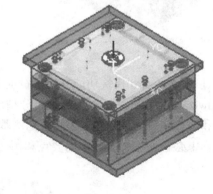

图 7-69

第8章

手机前壳模具设计范例

8.1 范 例 分 析

学习 UG Moldwizard 模具设计前,最好具备一定的注塑模具设计理论知识,这样学起来会轻松许多。现在以手机前壳模具设计为学习范例,如图 8-1 所示。

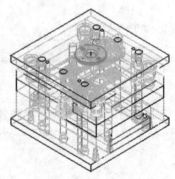

图 8-1

通过 Moldwizard 模块功能介绍手机前壳模具设计,能快捷掌握 UG 模具设计,本范例结合 Moldwizard 模块介绍了型腔布局、分型线和分型面的创建、模架调入、标准件的创建、浇注系统和冷却系统的创建等。因此本范例基本上涵盖了 Moldwizard 模块功能的应用,所以在学习过程中必须慢慢领会其中的要点和用法,而且必须明确模具设计思路和流程。

8.2 学 习 要 点

(1)通过 Moldwizard 模块调入参考模型、创建工件及型腔布局。
(2)创建模具分型线和分型面,以及产生型芯和型腔。
(3)通过 Moldwizard 模块调入 HASCO_E 模架功能。
(4)创建模具标准件,如定位圈。
(5)合理分布顶杆,选择顶杆的大小。
(6)创建浇注系统和冷却系统。

8.3 设 计 流 程

（1）创建新工作文件夹，设置工作目录和新建 UG 文件。

（2）调入参考模型。

（3）设置模具坐标系统。

（4）创建工件。

（5）型腔布局。

（6）创建分型线和分型面。

（7）产生型芯和型腔。

（8）选择合适的模架。

（9）创建合理的标准件。

（10）合理创建顶杆。

（11）浇注系统合理的设置。

（12）冷却系统合理的设置。

（13）创建腔体。

8.4 设 计 演 示

8.4.1 项目初始化

（1）在资源管理器下创建新文件夹，给文件夹取名为 phone，将训练文件 phone .prt 复制到该文件夹中。

（2）双击桌面的 UG NX5.0 快捷方式图标，或单击"开始"→"程序"→"UG NX5.0"→"NX5.0"。

（3）选择"注塑模向导"。

（4）单击"注塑模向导"工具条中的按钮，接着在弹出的"打开部件文件"对话框中选择 phone 文件夹为查找范围，选中 phone.prt 文件，接着单击"OK"按钮，如图 8-2 所示。

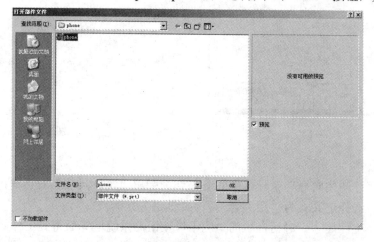

图 8-2

（5）系统运算后弹出的"项目初始化"对话框中，选择"部件材料"为"ABS"，此时系统会自动选择"收缩率"为"1.006"，完成后按下"确定"按钮，如图 8-3 所示。

（6）系统经过运算后绘图区域内如图 8-4 所示。

图 8-3

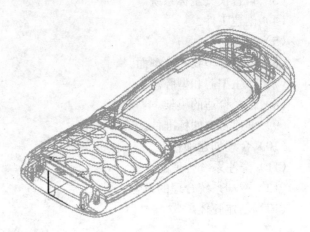

图 8-4

8.4.2　设置模具坐标系

单击"注塑模向导"工具条中的 按钮，弹出"模具 CSYS"对话框，设置参数，如图 8-5 所示，然后按下"确定"按钮，系统经过运算后设置模具坐标与工作坐标系相匹配，如图 8-6 所示。

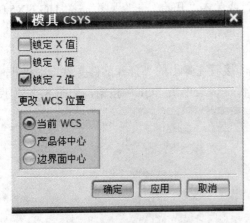

图 8-5

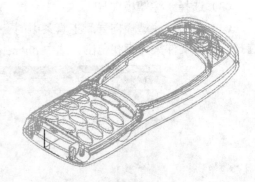

图 8-6

8.4.3　创建工件

（1）单击"注塑模向导"工具条中的 按钮，弹出"工件尺寸"对话框，选择"标准长方体"复选框，选择定义式为"距离容差"，如图 8-7 所示。

（2）单击"工件尺寸"对话框中的"应用"按钮，系统运算后得到工件如图 8-8 所示。

（3）单击"工件尺寸"对话框中的"取消"按钮，完成工件的创建。

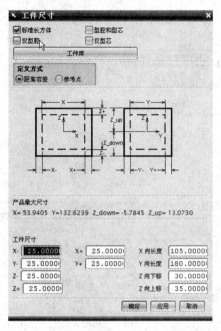

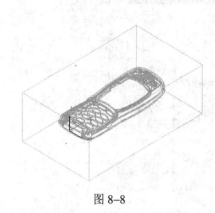

图 8-7

图 8-8

8.4.4 型腔布局

（1）单击"注塑模向导"工具条中的 按钮，弹出"型腔布局"对话框。

（2）设置"型腔布局"对话框，如图 8-9 所示，"布局"选项中选择"矩形"和"平衡"复选框，"型腔数"设置为"2"，"1ST Dist"和"2ND Dist"选项设置为"0"。

（3）单击 开始布局 按钮，然后在绘图区域没有模型处单击鼠标右键，完成后的视图如图 8-10 所示，然后用鼠标选择下方的箭头。

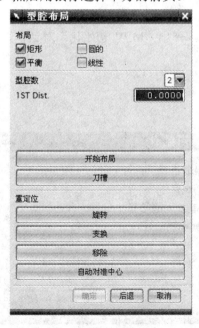

图 8-9

图 8-10

（4）单击"刀槽"按钮，弹出"刀槽"对话框，然后根据图 8-11 所示操作过程进行操作，"R"改为"10"，"类型"改为"2"。

（5）在系统运算后，单击"重定位"选项中的 自动对准中心 按钮，完成后如图 8-12 所示。完成以后单击"型腔布局"对话框的"取消"按钮，完成型腔布局。

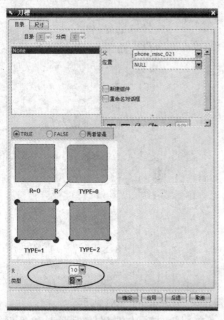

图 8-11

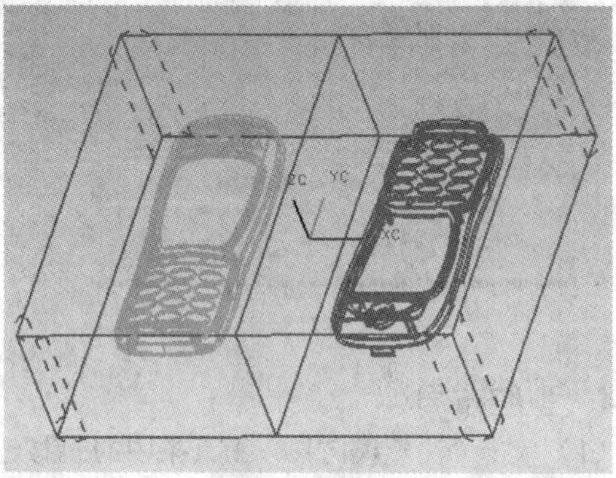

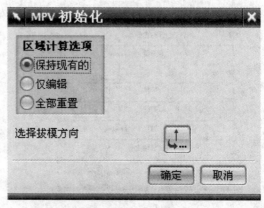

图 8-12

8.4.5 分型

1. 塑模部件验证

（1）单击"注塑模向导"工具条中的 按钮，弹出"分型"对话框，如图 8-13 所示。

（2）单击"分型管理器"对话框中的 按钮，弹出"MPV 初始化"对话框，如图 8-14 所示。

图 8-13

图 8-14

134

（3）在"MPV 初始化"对话框中选择"保持现有的"单选框，然后单击"确定"按钮，此时系统会弹出"塑模部件验证"对话框，如图 8-15 所示。

（4）在"塑模部件验证"对话框中选择"区域"选项卡，然后单击 设置区域颜色 按钮。系统运算后观察模型的正面和背面颜色，此时系统已经把型腔区域和型芯区域分开。

（5）单击"塑模部件验证"对话框的"取消"按钮，完成塑模部件验证操作。

2. 创建分型线

（1）单击"分型管理器"对话框中的 按钮，弹出"分型线"对话框，如图 8-16 所示。

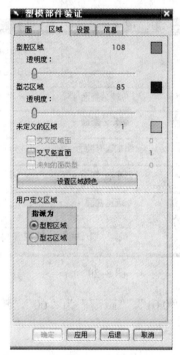

图 8-15

图 8-16

（2）在"分型线"对话框中设置"公差"为"0.01"，然后单击 自动搜索分型线 按钮，弹出"搜索分型线"对话框，如图 8-17 所示。

（3）单击 选择体 按钮，然后单击"应用"按钮，接着单击"确定"按钮。此时绘图区域内会出现如图 8-18 所示的绿色分型线。

（4）此时系统弹出"分型线"对话框，单击"确定"按钮。

图 8-17

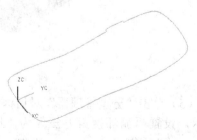

图 8-18

3. 创建分型面

（1）分析分型线，可以发现曲线不在同一平面内无法生成单一分型面，必须添加转换点将分型线打断，然后分别将各打断分型线生成分型面，单击"添加转换点"按钮。然后根据图 8-19 所示操作过程进行操作。

（2）单击"分型管理器"对话框中的 按钮，弹出"创建分型面"对话框，如图 8-20 所示。

图 8-19

图 8-20

（3）在"创建分型面"对话框中设置"公差"为"0.01"，"距离"为"60"，然后按下

创建分型面 按钮。

（4）此时生成分型面如图 8-21 所示。

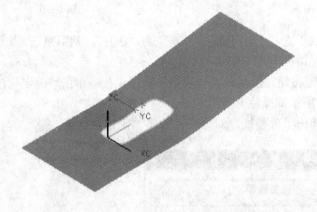

图 8-21

（5）单击"分型管理器"对话框中的 按钮，弹出"补片环选择"对话框，如图 8-22 所示，设置"循环搜索方法"为"区域"，"显示循环类型"为"内部循环边缘"，单击

自动修补 按钮。

（6）完成后的补片面如图8-23所示。

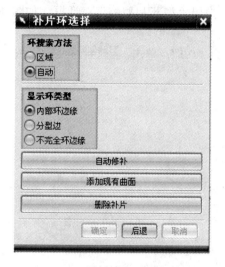

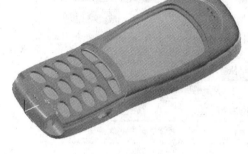

图 8-22   图 8-23

4. 抽取区域

（1）单击"分型管理器"对话框中的 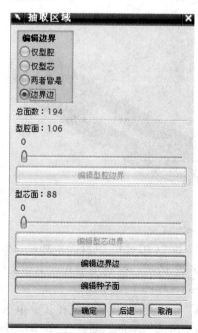 按钮，弹出"区域和直线"对话框，如图 8-24 所示。

（2）在"区域和直线"对话框中设置"抽取区域方法"为"边界区域"，然后按下"确定"按钮。

（3）弹出"抽取区域"对话框，如图 8-25 所示。显示"总面数：194"、"型腔面：106"、"型芯面：88"，然后单击"确定"按钮，完成抽取区域的操作。

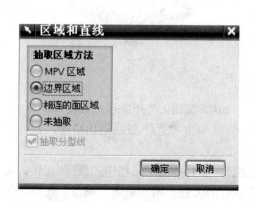

图 8-24   图 8-25

137

5. 创建型腔和型芯

（1）单击"分型管理器"对话框中的按钮，弹出"型芯和型腔"对话框，如图 8–26 所示。

（2）设置"型芯和型腔"对话框中的"公差"为"0.1"，单击 自动创建型腔型芯 按钮。

（3）经过运算后绘图区域内如图 8–27 所示。

图 8–26

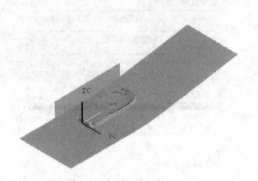

图 8–27

（4）按下"型芯和型腔"对话框中的"后退"按钮，完成型腔和型芯的分割。

（5）单击"分型管理器"对话框中的"关闭"按钮，完成分型操作。

8.4.6 添加滑块

（1）图 8–28 中，零件此处有一个倒钩，在脱模时脱不出来，因此此处应该加滑块。

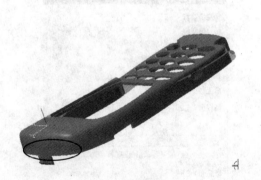

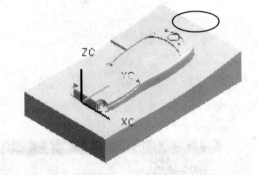

图 8–28

（2）按"Ctrl+M"组合键来到建模模组下，单击 按钮，选择最近的侧面作为拉伸平面，如图 8–29 所示。绘制矩形其大小和倒钩相同，然后单击 完成草图 按钮退出草绘。拉伸矩形到倒钩表面，如图 8–30 所示。

（3）单击 开始 按钮，选择其菜单下的"装配"，然后单击工具栏中的 装配(A) 按钮，选择菜单下的"组建"中的"新建"，建立一个名称"s1"的文件，两次单击"确定"按钮，然后根据图 8–31 所示操作过程进行操作。在"装配导航器"下的"S1"右击选择"转为工作部件"，如图 8-32 所示，选择"装配模组"下的 WAVE几何 ，弹出对话框，如图 8-33 所示。单击"确定"
按钮，选择拉伸块，接下来在"装配导航器"下的 ☑⊡ phone_core_013 右击选择"转为工作
部件"，如图 8-34 所示，然后零件和拉伸块进行"求差"布林运算，运算后如图 8-35 所示。

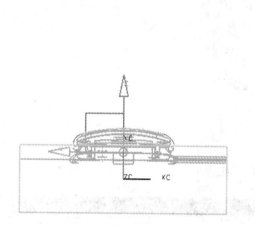

图 8-29

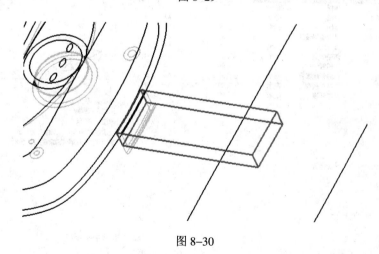

图 8-30

（4）激活"坐标系"，把其移到拉伸块的侧面边线的中点处，如图 8-36 所示，"YC 轴"
向外。

（5）单击 按钮，选择"Single Cam_Pin Slide"修改其尺寸"wear"为"30"、"ear_wear"
为"3"、"heel_ht_1"为"30"、"heel_ht_2"为"20"，单击"确定"按钮，如图 8-37 所示。

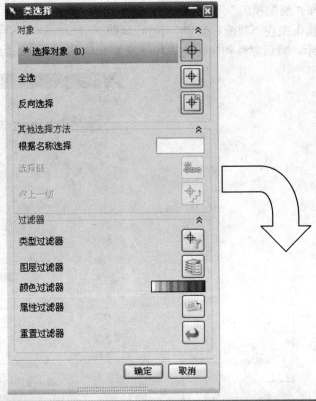

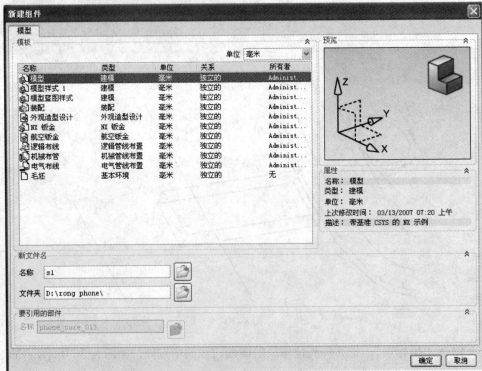

图 8-31

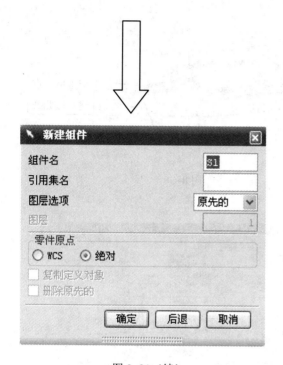

图 8-31（续）

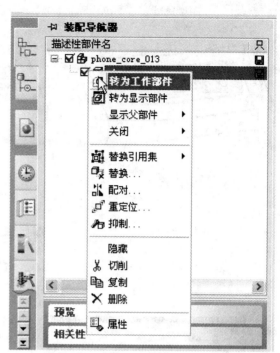

图 8-32

图 8-33

图 8-34

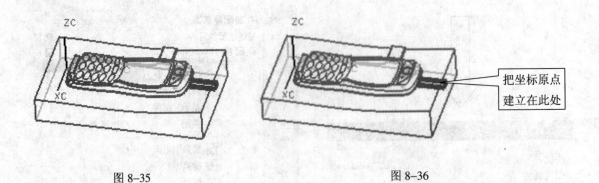

图 8-35   图 8-36

把坐标原点
建立在此处

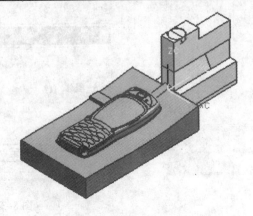

图 8-37

8.4.7 添加模架

（1）单击"注塑模向导"工具条中的 ▦ 按钮，弹出"模架管理"对话框。

（2）在"模架管理"对话框中设置"目录"为"LKM_SC"，"尺寸"为"3035"，"AP_h"改为"40"，因为"AP_h"的大小应大于"Z_up"，如图 8-38 所示，然后按下"应用"按钮。

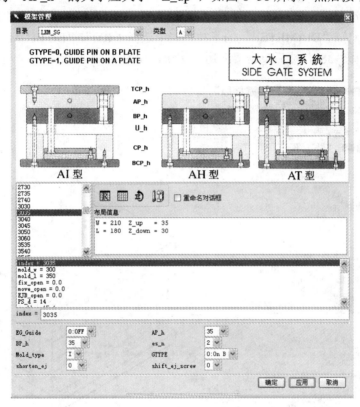

图 8-38

（3）经过运算后加入模架如图 8-39 所示。在绘图区域没有模型的处单击鼠标右键，在弹出的快捷菜单中选择"定向视图"→"前视图"，或按下"Ctrl+Alt+F"组合键，使视角为主视，如图 8-40 所示。判断模架放置的方向是否正确，确定模架正确后，单击"取消"按钮。

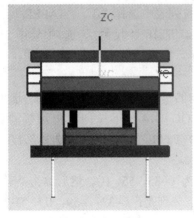

图 8-39

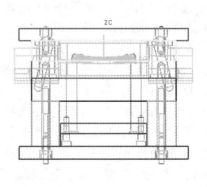

图 8-40

8.4.8 添加标准件

1. 添加定位环

（1）单击"注塑模向导"工具条中的 按钮，弹出"标准件管理"对话框，如图 8-41 所示。

（2）设置"标准件管理"对话框的参数，"目录"为"DME_MM"，"Injection"中选择"Locating Ring [With Screws]"，"DIAMETER"的下拉列表中选择"100"，"BOTTOM_C_BORE_DIA"的下拉列表中选择"38"，然后单击"应用"按钮，如图 8-42 所示。

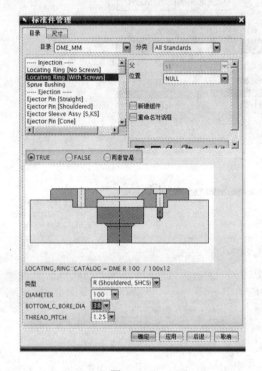

图 8-41   图 8-42

2. 添加主流道

单击"标准件管理"对话框中的"Injection"中的"Sprue Bushing"选项，在"CATALOG_DIA"的下拉列表中选择 "12"，"RADIUS_DEEP"下拉列表中选择"0"，"TAPER"下拉列表中选择"1.0"，"o"下拉列表中选择"3.5"。选择"尺寸"选项卡中选中"CATALOG_LENGTH"，将其设为"59"，如图 8-43 所示，完成后单击"应用"按钮。

3. 添加顶杆

（1）单击"标准件管理"对话框中的"Ejecton"里面的"Ejector Pin［Straight］"选项，在"CATALOG"的下拉列表中选择"Z40"，"CATALOG_DIA"下拉列表中选择"2"，"CATALOG_LENGTH"下拉列表中选择"250"，"HEAD_TYPE"下拉列表中选择"1"，如图 8-44 所示，设置完毕后，单击"应用"按钮。

（2）此时会弹出"点构造器"对话框，设置顶杆基点为（-35，55，0），然后单击"确定"按钮或按下"Enter"键，接着用同样的方法输入顶杆基点分别是：（-32，-59，0）、（-72，55，0）、（-72，59，0），如图 8-45 所示。

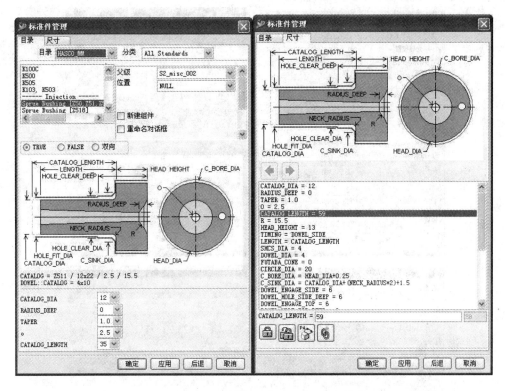

图 8-43

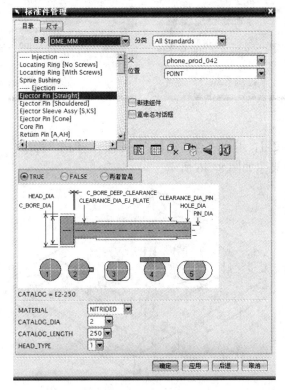

图 8-44

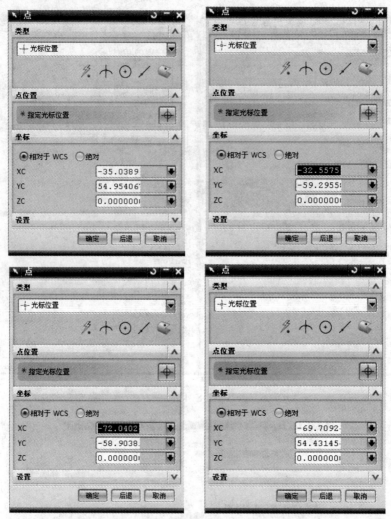

图 8-45

（3）单击"取消"按钮，退出"点构造器"对话框，单击"标准件管理"对话框中的"取消"按钮，完成顶杆效果图如图 8-46 所示。

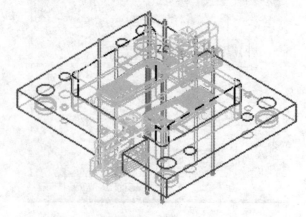

图 8-46

8.4.9 顶杆后处理

（1）隐藏不必要的部件，只显示顶杆和型芯。

（2）单击"注塑模向导"工具条中的 ![] 按钮，弹出"顶杆后处理"对话框，如图 8-47 所示。

（3）选中所有的顶杆或选中其中的 4 根，如图 8-48 所示。

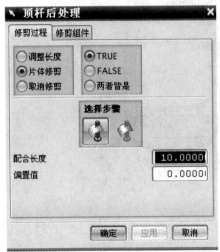

图 8-47

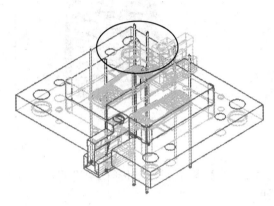

图 8-48

（4）直接单击"确定"按钮，完成顶杆的修剪，如图 8-49 所示。

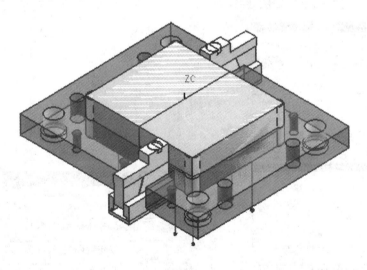

图 8-49

8.4.10 添加浇口

（1）在工具栏中单击"插入"按钮，选择其菜单下的"曲线"中的"直线"，画一条直线如图 8-50 所示。第一点坐标为（-27，0，0），第二点坐标为（27，0，0）。

（2）单击"注塑模向导"工具条中的 ![] 按钮，弹出"浇口设计"对话框，如图 8-51 所示。"类型"设置为"rectangle"，"L"为"5"，"H"为"1"，"B"为"3"。

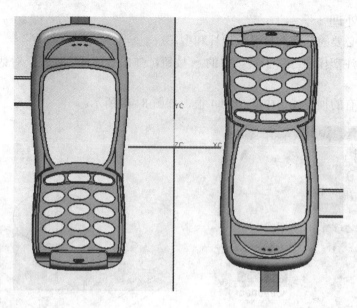

图 8-50

（3）在"浇口设计"对话框中设置"位置"为"型芯"，然后单击 浇口点表示 按钮。

（4）弹出"浇口点"对话框，如图 8-52 所示，然后单击"点子功能"按钮，弹出"点选择"对话框，如图 8-53 所示。选择直线的某一端点，单击"确定"按钮。回到"浇口设计"对话框，单击"应用"按钮，如图 8-54 所示。

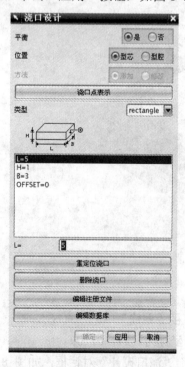

图 8-51

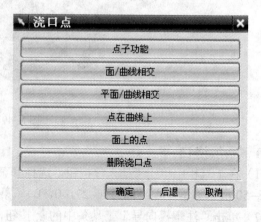

图 8-52

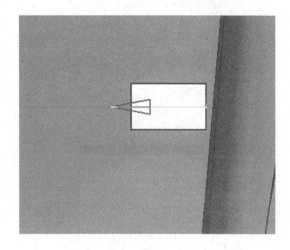

图 8-53   图 8-54

（5）发现浇口位置和长度不对，修改"L"为"9"，单击 重定位浇口 按钮，弹出"重定位"对话框，如图 8-55 所示，修改"X"为"-2"，单击"确定"按钮。回到"浇口设计"对话框，单击"应用"按钮。判断位置和大小正确后单击"取消"按钮，如图 8-56所示。

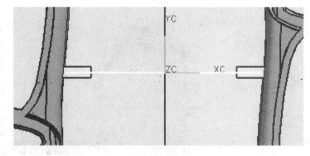

图 8-55   图 8-56

8.4.11 添加流道

（1）单击"注塑模向导"工具条中的 ⬚ 按钮，弹出"流道设计"对话框，如图 8-57所示。

（2）单击"流道设计"对话框中的 ⬚ 按钮，如图 8-58 所示。选择"点子功能"输入点（-19，0，0）和点（19，0，0），单击"确定"按钮。回到"流道设计"对话框，单击⬚按钮，然后单击"确定"按钮。

（3）系统经过运算后生成分流道如图 8-59 所示，单击"流道设计"对话框中的"取消"按钮。

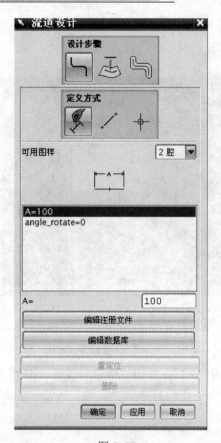

图 8-57

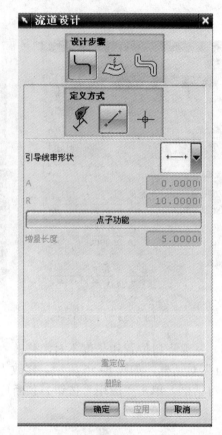

图 8-58

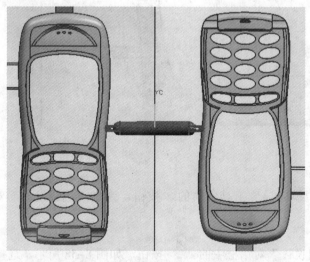

图 8-59

8.4.12 添加冷却管道

（1）打开装配导航器，关闭不必要的结点，或者按"Ctrl+B"组合键隐藏不必要的部件，如图 8-60 所示。

（2）单击"注塑模向导"工具条中的 按钮，弹出"Cooling Component Design"（冷却管道设计）对话框，如图 8-61 所示。

（3）在"Cooling Component Design"对话框中选择冷却管类型为"COOLING HOLE"，在"PIPE_THREAD"下拉列表中选择"M12"选项，然后单击"尺寸"选项卡，把"HOLE_1_DEPTH"改为"350"，"HOLE_2_DEPTH"改为"350"，完成后如图 8-62 所示。

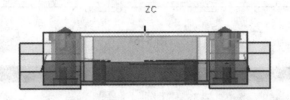

图 8-60

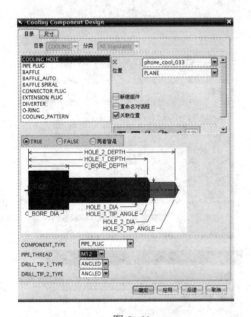

图 8-61

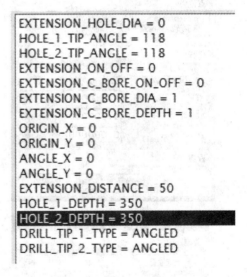

图 8-62

（4）完成后按下"Cooling Component Design"对话框中的"应用"按钮，此时弹出"选择一个面"对话框，如图 8-63 所示，然后选择如图 8-64 所示的平面。

（5）弹出"点构造器"对话框，输入冷却管道位置（-20，4，0），按下"Enter"键，弹出"位置"对话框，单击"确定"按钮，如图 8-65 所示，又弹出"点构造器"对话框分别输入（20，4，0）、（60，4，0）、（-60，4，0），最后弹出"位置"对话框，单击"取消"按钮。

图 8-63

（6）重复步骤（2）～步骤（4）的操作，选择另一侧，在"Cooling Component Design"对话框中选择冷却管类型为"COOLING HOLE"，在"PIPE_THREAD"下拉列表中选择"M12"选项，然后单击"尺寸"选项卡，把"HOLE_1_DEPTH"改为"300"，"HOLE_2_DEPTH"改为"300"。输入冷却管道位置点为（30，4，0）和（-30，4，0），完成后如图 8-66 所示。

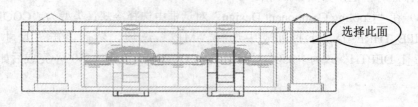

选择此面

图 8-64

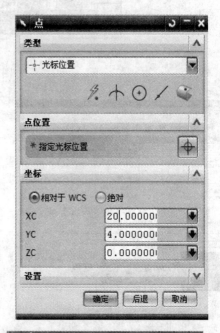

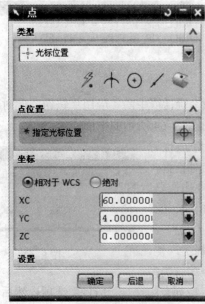

图 8-65

（7）在"Cooling Component Design"对话框中选择冷却管类型为"PIPE PLUG"，"位置"为"PLANE"。然后单击"尺寸"选项卡，把"PIPE THREAD"修改为"M12"，如图8-67所示。

（8）完成后按下"Cooling Component Design"对话框中的"应用"按钮，此时弹出"选择一个面"对话框，选择各个管道的圆心位置，弹出"位置"对话框，单击"确定"按钮，如图8-68所示。

（9）重复步骤（8）的操作，完成后如图 8-69所示。

（10）添加进水口，在"Cooling Component Design"对话框中选择冷却管类型为"EXTENSION PLUS"，"位置"为"PLANE"。然后单击"尺寸"选项卡，把"PIPE THREAD"修改为"M12"，如图8-70所示。

图 8-66

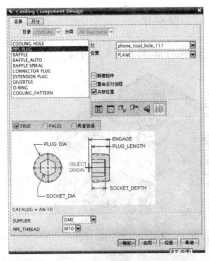

图 8-67

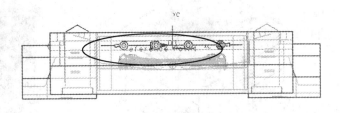

图 8-68

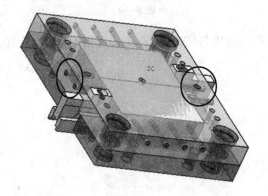

图 8-69

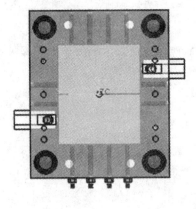

图 8-70

8.4.13　建立腔体

（1）显示所有部件，单击"注塑模向导"工具条中的 按钮，弹出"腔体管理"对话框，如图 8-71 所示。

（2）单击"腔体管理"对话框中的 按钮，选择模具模板、型腔和型芯为目标体，如图 8-72 所示，单击 按钮，选择定位环、主流道、浇中、顶杆和冷却系统为刀具体，如图 8-73 所示。

图 8-71

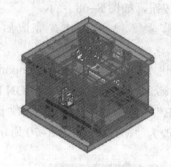

图 8-72

（3）单击"确定"按钮，建立腔体，完成模具设计，完成后如图 8-74 所示。

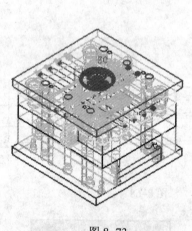

图 8-73

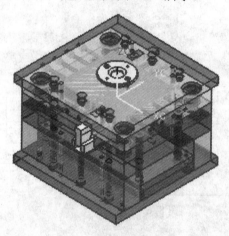

图 8-74

（4）选择菜单栏下的"文件"→"全部保存并退出"，完成保存工作退出 UG NX 软件。

第 9 章

手机电池后盖模具设计范例

9.1 范 例 分 析

内卡钩通过用斜顶来成型及脱模，本章的手机电池后盖具有六个内卡钩，将介绍这种类型塑件的模具设计过程，希望读者能够举一反三。

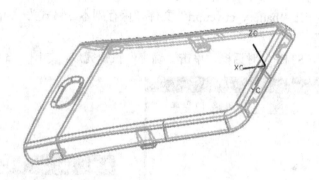

图 9–1

9.2 学 习 要 点

（1）创建模具分型线和分型面，以及产生型芯和型腔。
（2）内卡钩通过用斜顶来成型及脱模。
（3）创建模具标准件，如定位圈。
（4）合理分布顶杆，选择顶杆的大小。
（5）创建浇注系统和冷却系统。

9.3 设 计 流 程

（1）创建新工作文件夹，设置工作目录和新建 UG 文件。
（2）调入参考模型。
（3）设置模具坐标系。

（4）创建工件。

（5）型腔布局。

（6）创建分型线和分型面。

（7）产生型芯和型腔。

（8）斜顶来成型及脱模。

（9）选择合适的模架。

（10）创建合理的标准件。

（11）合理创建顶杆。

（12）浇注系统合理的设置。

（13）冷却系统合理的设置。

（14）创建腔体。

9.4 设计演示

9.4.1 项目初始化

（1）用 Pro/E 打开"battery_cover.prt"文件，保存副本，格式为"stp"文件，如图 9-2 所示，单击"确定"。

（2）弹出"输出 STEP"对话框，单击"确定"按钮完成，如图 9-3 所示。

图 9-2

图 9-3

（3）用 UG 打开"battery_cover.stp"文件，如图 9-4 所示。

（4）单击"确定"按钮，结果如图 9-5 所示。

（5）单击 按钮，系统自动保存为"prt"文件，即"battery_cover_stp.prt"。

（6）选择 battery_cover_stp.prt 文件，如图 9-6 所示。

图 9-4

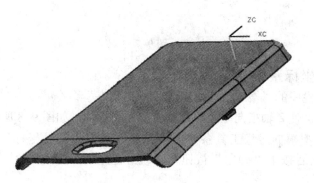

图 9-5

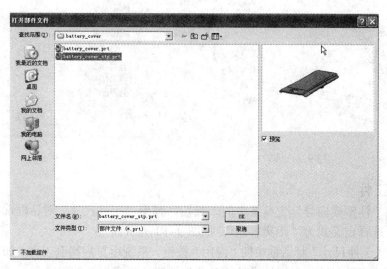

图 9-6

（7）创建产品装配。

初始部件：……battery_cover_stp.prt

单位：默认

项目路径：默认

项目名称：默认

材料：ABS

收缩率：1.006

（8）完成后，如图 9-7 所示。

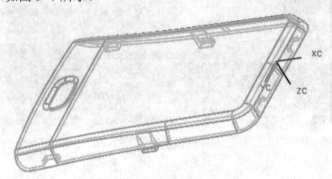

图 9-7

9.4.2　设置模具坐标系

（1）选择菜单栏中的"格式"→"WCS"→"动态"命令。

（2）旋转坐标，使 Z 轴指向型腔，X 轴在工件的长轴，如图 9-8 所示。

（3）单击"注塑模向导"工具条中的 按钮，弹出"模具坐标"对话框，设置参数，如图 9-9 所示，然后按下"确定"按钮，系统经过运算后设置模具坐标与工作坐标系相匹配。

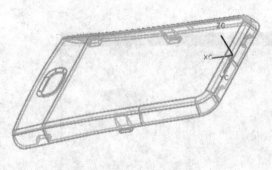

图 9-8

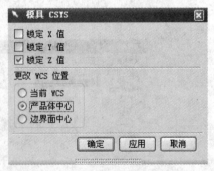

图 9-9

9.4.3　创建工件

（1）单击"注塑模向导"工具条中的 按钮，弹出"工件尺寸"对话框选择"标准长方体"复选框，选择定义式为"距离容差"，如图 9-10 所示。

（2）单击"工件尺寸"对话框中的"应用"按钮，系统运算后得到工件，如图 9-11 所示。

（3）单击"工件尺寸"对话框中的"取消"按钮，完成工件的创建。

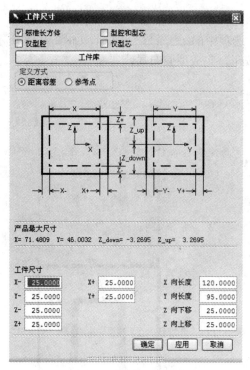

图 9-10

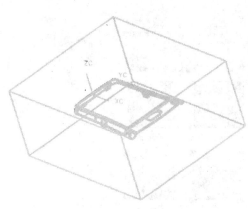

图 9-11

9.4.4 型腔布局

（1）单击"注塑模向导"工具条中的 按钮，弹出"型腔布局"对话框。

（2）将"型腔布局"对话框的设置如图 9-12 所示，"布局"选项中选择"矩形"和"平衡"复选框，"型腔数"设置为"2"，"IST Dist"选项设置为"0"。

（3）单击 开始布局 按钮，然后用鼠标选择下方的箭头，如图 9-13 所示。

图 9-12

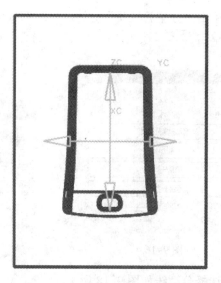

图 9-13

（4）单击 ___刀槽___ 按钮，选择参数，如图 9-14 所示，然后单击"确定"按钮。

（5）此时系统会运算，然后单击"重定位"选项中的___自动对准中心___按钮，如图 9-15 所示。完成以后单击"型腔布局"对话框的"取消"按钮，完成型腔布局。

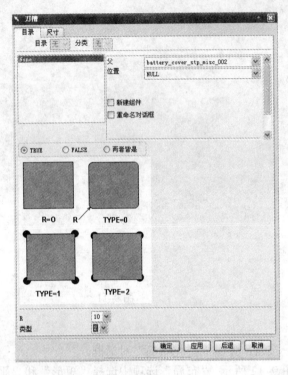

图 9-14

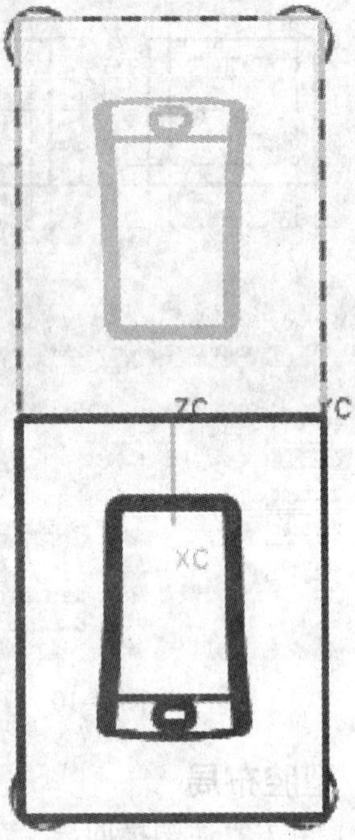

图 9-15

9.4.5　分型

1. 创建分型线

（1）单击"分型管理器"对话框中的按钮，弹出"分型线"对话框，如图 9-16 所示。

（2）单击___遍历环___按钮，弹出"开始遍历"对话框，如图 9-17 所示。

图 9-16

图 9-17

（3）选择分型线如图 9-18 所示。

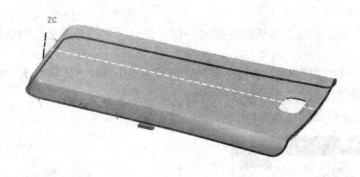

图 9-18

（4）单击 按钮，选择 补孔，弹出对话框，如图 9-19 所示。选择分型线如图 9-20 所示。

图 9-19

图 9-20

（5）完成补孔，如图 9-21 所示。

（6）单击"分型管理器"对话框中的 按钮，弹出"分型段"对话框。

（7）单击 按钮，选择拐角点。单击"取消"按钮，再按"确定"按钮完成，如图 9-22 所示。

图 9-21

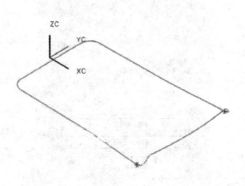

图 9-22

161

2. 创建分型面

（1）单击"分型管理器"对话框中的  按钮，弹出"创建分型面"对话框，如图 9-23 所示。

（2）在"创建分型面"对话框中设置"公差"为"0.01"，"距离"为"60"，然后按下
| 创建分型面 | 按钮。

（3）最后完成分型面如图 9-24 所示。

图 9-23

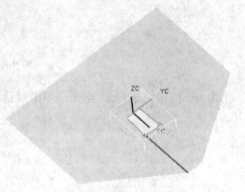

图 9-24

3. 抽取区域和分型线

（1）单击"分型管理器"对话框中的 按钮，弹出"区域和直线"对话框。

（2）在"区域和直线"对话框中设置"抽取区域方法"为"边界区域"，然后按下"确定"按钮。

（3）弹出"抽取区域"对话框，如图 9-25 所示。显示"总面数：32"、"型腔面：74"、"型芯面：167"，然后单击"确定"按钮，完成抽取区域的操作。

4. 创建型腔和型芯

（1）单击"分型管理器"对话框中的 按钮，弹出"型芯和型腔"对话框，如图 9-26 所示。

图 9-25

图 9-26

（2）单击  按钮，自动生成型腔、型芯。完成分型，结果如图 9–27 所示。

图 9–27

9.4.6 添加模架

（1）单击"注塑模向导"工具条中的 按钮，弹出"模架管理"对话框。

（2）在"模架管理"对话框中设置"目录"为"LKM_SG"，"尺寸"为"2540"，如图 9–28 所示，然后按下"应用"按钮。

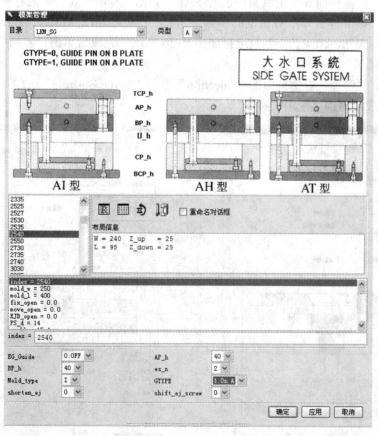

图 9–28

（3）经过运算后加入模架如图 9–29 所示。

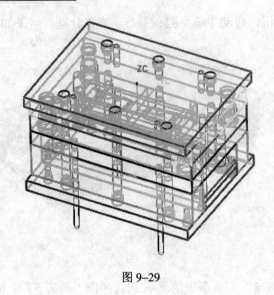

图 9-29

9.4.7　添加标准件

1. 添加定位环

（1）单击"注塑模向导"工具条中的 按钮，弹出"标准件管理"对话框。

（2）设置"标准件管理"对话框的参数，"目录"为"DME_MM"，"Injection"中选择"Locating Ring［With screw］"，参数选择如图 9-30 所示，完成后单击"应用"按钮。

2. 添加主流道

单击"标准件管理"对话框中的"Injection"中的"Sprue Bushing"选项，参数选择如图 9-31 所示，完成后单击"应用"按钮。

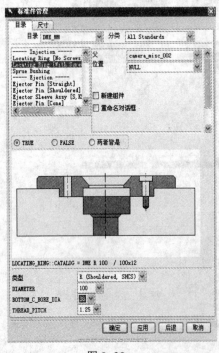

图 9-30

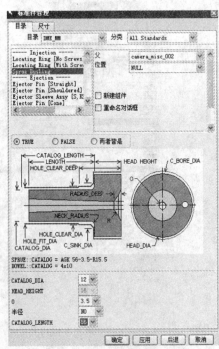

图 9-31

3. 添加顶杆

（1）单击"标准件管理"对话框中的"Ejecton"中的"Ejector Pin［Straight］"选项，在"CATALOG_DIA"下拉列表中选择"2"，"CATALOG_LENGTH"下拉列表中选择"250"，"HEAD_TYPE"下拉列表中选择"1"，如图9–32所示设置完毕后，单击"应用"按钮。

（2）此时会弹出"点构造器"对话框，设置顶杆基点为（70，10，0），然后单击"确定"按钮或按下"Enter"键，接着用同样的方法输入顶杆基点分别是：（70，–10，0）、（40，10，0）、（40，–10，0）。

（3）单击"取消"按钮，退出"点构造器"对话框，单击"标准件管理"对话框中"取消"按钮，完成顶杆效果图如图9–33所示。

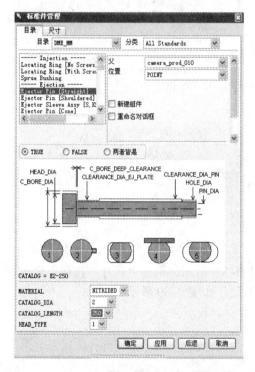

图 9–32

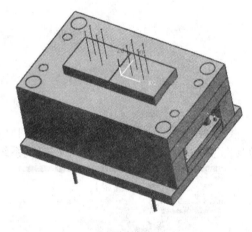

图 9–33

4. 顶杆后处理

（1）单击"注塑模向导"工具条中的 按钮，弹出"顶杆后处理"对话框。

（2）设置"顶杆后处理"对话框，选择"选择步骤"中的 按钮，"修剪过程"选项卡，选择"片体修剪"和"TRUE"点选框，如图9–34所示。

（3）选中所有的顶杆或选中其中的4根，如图9–35所示。

（4）单击"确定"按钮，完成修剪。

5. 添加斜顶和滑块

（1）在"窗口"下打开 core 文件。

（2）在"格式"菜单下选择"WCS"下的"动态"选项。选择坐标原点如图9–36所示（Z轴指向型腔，Y轴指向外侧）。

图 9-34

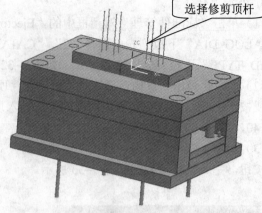

选择修剪顶杆

图 9-35

图 9-36

（3）单击 滑块和浮升销 按钮，弹出对话框如图 9-37 所示。单击"尺寸"按钮，修改参数如图 9-38 所示。单击"确定"按钮，系统生成斜顶，如图 9-39 所示。

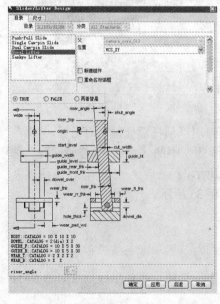

图 9-37

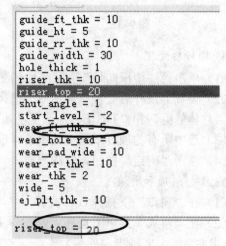

```
guide_ft_thk = 10
guide_ht = 5
guide_rr_thk = 10
guide_width = 30
hole_thick = 1
riser_thk = 10
riser_top = 20
shut_angle = 1
start_level = -2
wear_ft_thk = 5
wear_hole_rad = 1
wear_pad_wide = 10
wear_rr_thk = 10
wear_thk = 2
wide = 5
ej_plt_thk = 10

riser_top = 20
```

图 9-38

（4）单击 按钮，弹出信息框。单击"是"按钮，弹出"模具修剪管理"对话框，在"修剪过程"选项卡中选择"片体修剪"。选择要修剪的斜顶，单击"确定"按钮，完成修剪，如图9-40所示。

（5）单击 按钮，弹出"腔体管理"对话框，"目标体"选择型芯，"工具体"选择斜顶，单击"确定"按钮完成，如图9-41所示。

（6）使用相同的方法，完成其他斜顶的创建，结果如图9-42所示。

（7）创建滑块。按"Ctrl+M"组合键打开建模模组。单击 按钮，弹出"拉伸"对话框，"终点"设为"直至选定对象"。

图 9-39

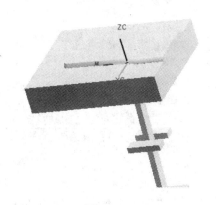

图 9-40

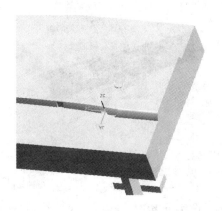

图 9-41

（8）过滤器选择"面的边"，如图9-43所示。

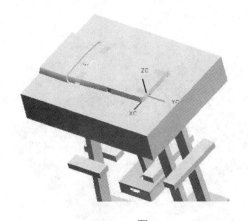

图 9-42

图 9-43

（9）创建滑块头，操作过程如图9-44所示。

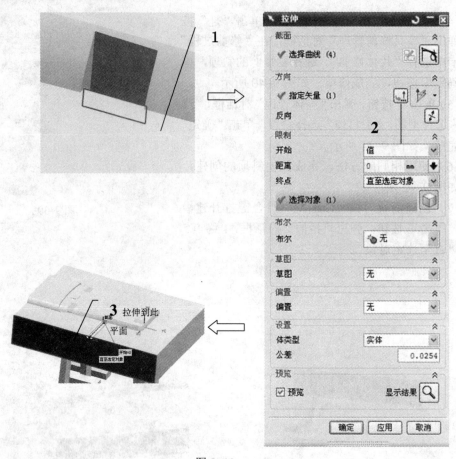

图 9–44

（10）单击 ⌈求差⌋ 按钮，弹出"求差"对话框，"设置"为"保留工具体"，如图 9–45 所示。

（11）选择型芯为"目标体"，滑块头为"刀具体"，如图 9–46 所示。

（12）单击"确定"按钮完成。

图 9–45

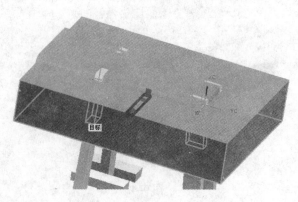

图 9–46

（13）在"格式"菜单下选择"WCS"下的"动态"选项。选择坐标原点如图9–49所示（Z轴指向型腔，Y轴指向里侧）。

（14）单击 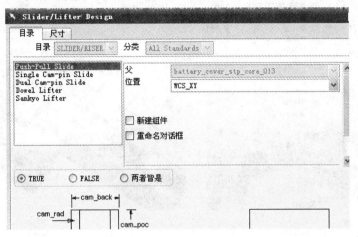 滑块和浮升销 按钮，弹出对话框如图9–47所示。单击"尺寸"按钮，修改参数如图9–48所示。单击"确定"按钮，系统生成滑块，如图9–50所示。

图 9–47

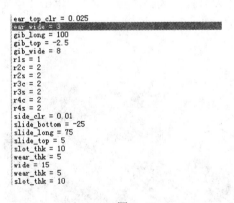

图 9–48

图 9–49

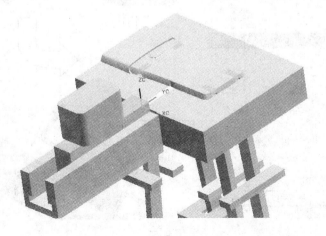

图 9–50

（15）选中滑块，单击右键，将其设为"工作部件"如图 9-51 所示。

（16）选择滑块侧面的边，向里拉伸 25 mm，结果如图 9-52 所示。

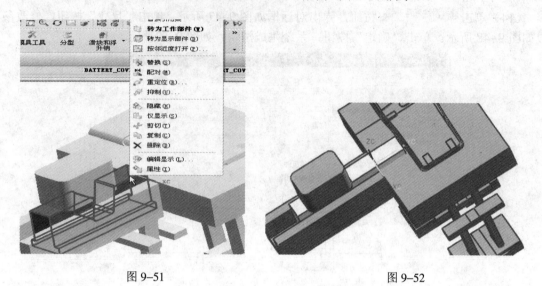

图 9-51　　　　　　　　　　　　　　　图 9-52

（17）单击 按钮，"目标体"选择"滑块"，"刀具体"选择"拉伸体"，单击"确定"
按钮，完成"求和"操作。操作过程如图 9-53 所示。

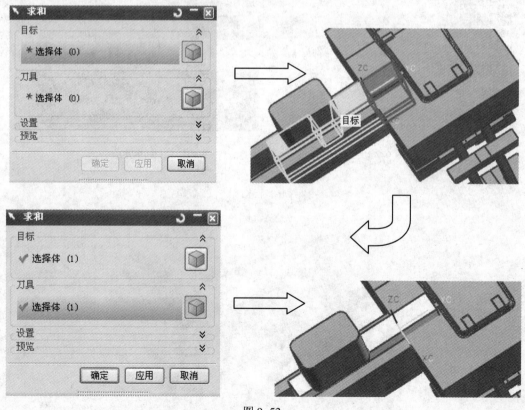

图 9-53

（18）在"插入"下拉菜单下，打开"关联复制"中的"WAVE 几何链接器"，如图9-54所示。弹出"WAVE 几何链接器"对话框，如图9-55所示。

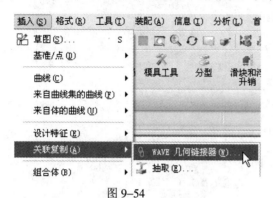

| 图 9-54 | 图 9-55 |

（19）"类型"为"体"，"选择体"为"滑块头"，单击"确定"按钮完成几何链接。

（20）单击 求和 按钮，将滑块与滑块头"求和"操作。

（21）使用同样的方法，创建另一个滑块，结果如图9-56所示。

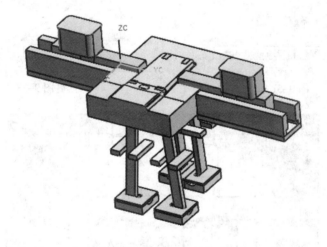

图 9-56

9.4.8 添加流道

（1）单击"注塑模向导"工具条中的 按钮，弹出"流道设计"对话框，如图 9-57 所示。

（2）在"流道设计"对话框中的"可用图样"下拉列表中选择"2 腔"，将"A"值设置为"40"，"angle_rotate"值设置为"0"，如图 9-57 所示，此时会生成流道的引导线，然后单击"确定"按钮。

（3）弹出新的"流道设计"对话框，单击 按钮，弹出"流道设计"对话框，如图 9-58 所示。

（4）将"A"值设为"8"，"流道位置"为"型芯"，"注塑冷料位置"为"两端"，然后单击"确定"按钮，系统生成流道，如图 9-59 所示。

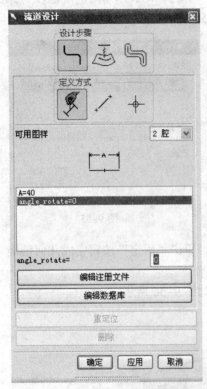

图 9-57

图 9-58

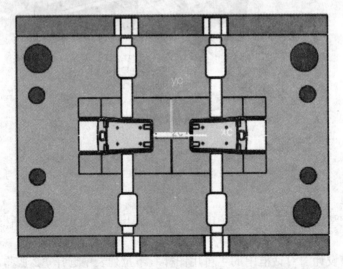

图 9-59

9.4.9 添加浇口

（1）单击"注塑模向导"工具条中的 ■ 按钮，弹出"浇口设计"对话框，"平衡"选项为"是"，"位置"为"型芯"，"类型"为"rectangle"，其他参数为默认，如图 9-60 所示。

（2）单击"应用"按钮，弹出"点"对话框，如图 9-61 所示。"类型"选择 ⊙，捕捉圆心如图 9-62 所示。

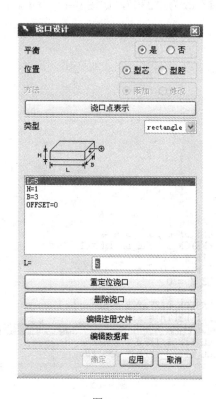

图 9-60

图 9-61

（3）单击"确定"按钮，弹出"矢量"对话框，"类型"选择 X 轴，单击"确定"按钮完成，结果如图 9-63 所示。

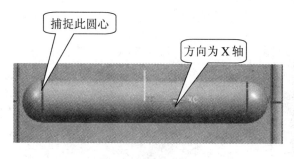

图 9-62

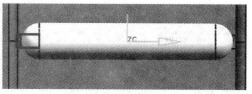

图 9-63

9.4.10 添加冷却管道

（1）在装配导航器中，在"camera_top_000"下，只保留"camera_cool_001"和"camera_layout_009"下的两个"cmera_prod"里的"camera_cavity"显示。

（2）单击"注塑模向导"工具条中的 按钮，弹出"Cooling Component Design"（冷却管道设计）对话框，如图 9-64 所示。

（3）在"Cooling Component Design"对话框中选择冷却管类型为"COOLING HOLE"，在"PIPE_THREAD"下拉列表中选择"M8"选项，然后单击"尺寸"选项卡，把

"HOLE_1_DEPTH" 改为 "230", "HOLE_2_DEPTH" 改为 "230", 如图 9-65 所示。

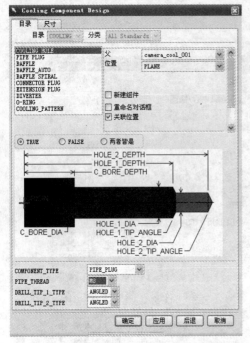

图 9-64

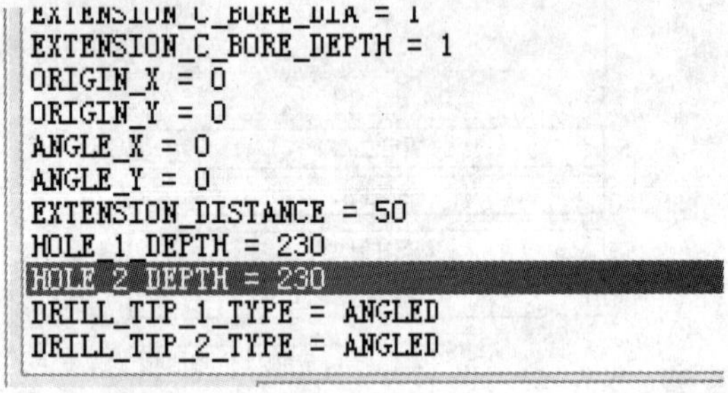

EXTENSION_C_BORE_DIA = 1
EXTENSION_C_BORE_DEPTH = 1
ORIGIN_X = 0
ORIGIN_Y = 0
ANGLE_X = 0
ANGLE_Y = 0
EXTENSION_DISTANCE = 50
HOLE_1_DEPTH = 230
HOLE_2_DEPTH = 230
DRILL_TIP_1_TYPE = ANGLED
DRILL_TIP_2_TYPE = ANGLED

图 9-65

（4）单击"确定"按钮，弹出"选择一个面"对话框。选取平面如图9-66所示，然后单击"确定"按钮。此时，弹出"点"对话框，输入坐标（12，-2，0），单击"确定"按钮，弹出"位置"对话框。单击"确定"。又弹出"点"对话框，输入坐标（-12，-2，0），弹出"位置"对话框，单击"取消"按钮，结果如图9-67所示。

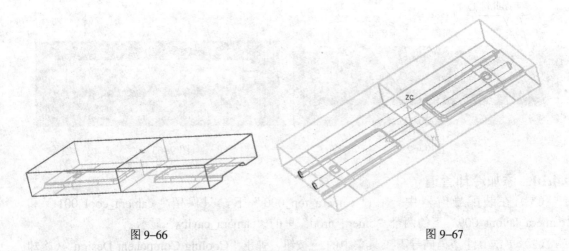

图 9-66

图 9-67

（5）使用同样方法，选取的平面如图 9-68 所示。定位坐标为（40，-2，0），"HOLE_1_DEPTH" 改为 "80"，"HOLE_2_DEPTH" 改为 "80"，结果如图9-69所示。

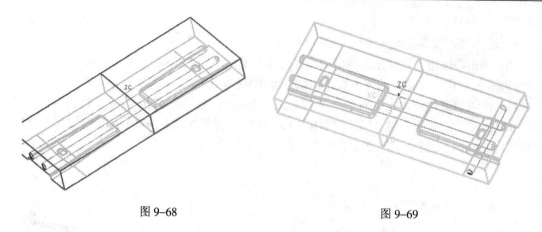

图 9-68 图 9-69

（6）显示"a_plate"，使用上述方法，选择平面如图 9-70 所示，输入坐标（12，12，0）和（-12，12，0），"HOLE_1_DEPTH"改为"100"，"HOLE_2_DEPTH"改为"100"。创建两条冷却管道，结果如图 9-71 所示。

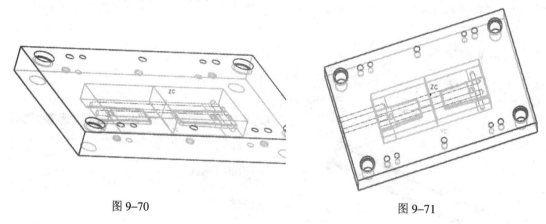

图 9-70 图 9-71

（7）选择型腔的上表面如图 9-72 所示。输入坐标（45，12，0）和（45，-12，0），"HOLE_1_DEPTH"改为"15"，"HOLE_2_DEPTH"改为"15"。创建两条冷却管道，结果如图 9-73 所示。

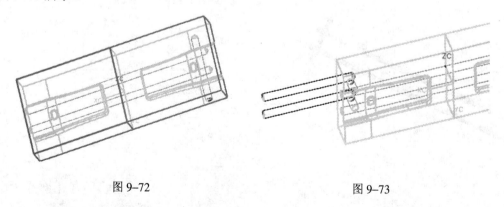

图 9-72 图 9-73

（8）单击冷却按钮，在"目录"选项卡中设置"PIE_THREAD"参数为"M8"，然后在"尺寸"选项卡中将"HOLE_2_DEPTH"和"HOLE_1_DEPTH"参数值改为"12"，单击"确定"

按钮。

（9）选择型腔顶面。输入坐标（45，12，0）和（45，-12，0）。

（10）单击冷却按钮，选择刚才生成的冷却管道，然后单击"Cooling Component Design"对话框中的 按钮，单击"确定"按钮，结果如图 9-74 所示。

（11）在水道通过定模座板和型腔件之间加入密封环，添加防水圈。单击冷却按钮，"目录"选择"O-RING"，"位置：PLANE"，"ID："10。平面选择型腔顶面，接着捕捉穿过定模座板和型腔件的冷却管道圆心。隐藏不必要的部件，结果如图 9-75 所示。

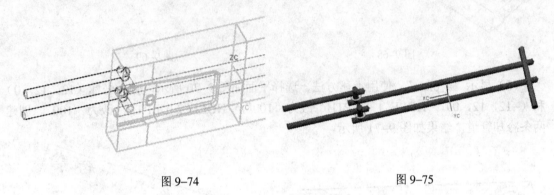

图 9-74 　　　　　　　　　　　　　　图 9-75

（12）添加喉塞。单击冷却按钮，操作过程如图 9-76 所示。

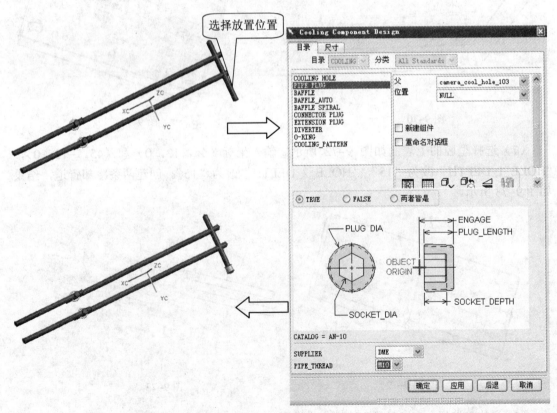

图 9-76

176

（13）使用同样方法添加其他的喉塞及水嘴（水嘴尺寸选择 M10），结果如图 9-77 所示。

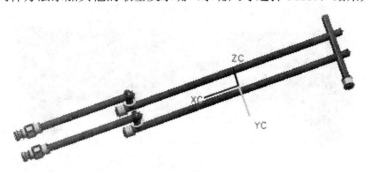

图 9-77

9.4.11 建立腔体

（1）显示所有部件，单击"注塑模向导"工具条中的 按钮，弹出"腔体管理"对话框。

（2）单击"腔体管理"对话框中的 按钮，选择 A 板、B 板为目标体如图 9-78 所示，单击 按钮，选择型腔、型芯、滑块如图 9-79 所示。

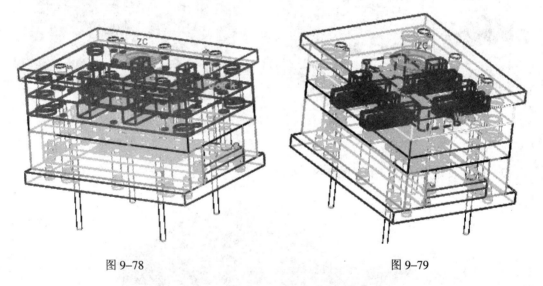

图 9-78   图 9-79

（3）隐藏不必要的部件，只显示如图 9-80 所示的部件。

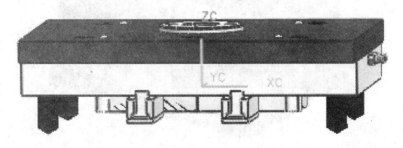

图 9-80

（4）选择"t_plate"、"a_plate"和"cavity"为目标体，如图 9-81 所示，连续单击"确

定"按钮完成。

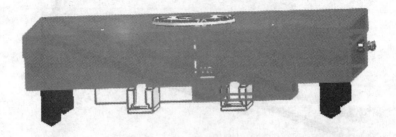

图 9–81

（5）隐藏不必要的部件，只显示如图 9–82 所示的部件。

（6）选择模板和型芯为目标体，如图 9–83 所示，单击"确定"按钮两次，完成开腔制作。

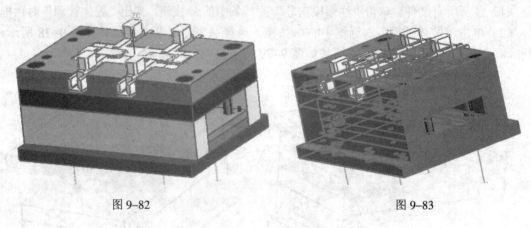

图 9–82   图 9–83

（7）模具设计完成，结果如图 9–84 所示。

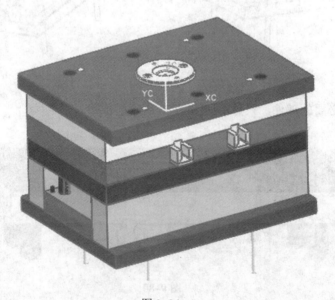

图 9–84

第10章

相机盖模具设计范例

10.1 范例分析

学习 UG Moldwizard 模具设计前，最好具备一定的注塑模具设计理论知识，这样学起来会轻松许多。现在以图 10–1 为例学习 UG NX 模具设计。

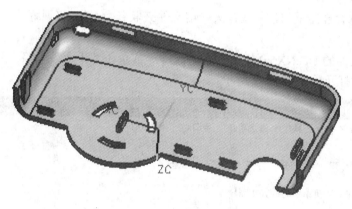

图 10–1

10.2 学习要点

（1）通过 Moldwizard 模块模具工具修补型孔。
（2）创建模具分型线和分型面，以及产生型芯和型腔。
（3）通过 Moldwizard 模块调入 LKM_SG 模架功能，创建模具标准件，如定位圈。
（4）合理分布顶杆，选择顶杆的大小。
（5）创建滑块和斜顶。
（6）创建浇注系统和冷却系统。

10.3 设计流程

（1）调入参考模型、设置模具坐标系统。

（2）创建工件、型腔布局。

（3）创建箱体，形成区域补片。

（4）创建分型线和分型面。

（5）产生型芯和型腔。

（6）选择合适的模架。

（7）创建合理的标准件。

（8）合理创建顶杆。

（9）创建滑块和斜顶。

（10）浇注系统合理的设置。

（11）冷却系统合理的设置。

（12）创建腔体。

10.4 设 计 演 示

10.4.1 项目初始化

（1）在资源管理器下创建新文件夹，给文件夹取名为 le2，将训练文件 EX04 .prt 复制到该文件夹中。

（2）双击桌面的 UG NX5.0 快捷方式图标，或单击"开始"→"程序"→"UG NX5.0"→ "NX5.0"，打开后如图 10–2 所示。

图 10–2

（3）在 NX5.0 界面的菜单栏中单击 按钮，在弹出的菜单中选择"所有应用模块"，然后在所有应用模块中选择"注塑模向导"按钮。

（4）单击"注塑模向导"工具条中的 按钮，接着在弹出的"打开部件文件"对话框中选择 le2 文件夹为查找范围，选中 EX04 .prt 文件，接着单击"OK"按钮。

（5）系统运算后弹出的"项目初始化"对话框中，选择"部件材料"为"ABS"，此时系统会自动选择"收缩率"为"1.0060"，完成后按下"确定"按钮，如图 10–3 所示。

（6）系统经过运算后绘图区域内如图 10–4 所示。

10.4.2 设置模具坐标系

单击"注塑模向导"工具条中的 按钮，弹出"模具坐标"对话框，设置参数如图 10–5 所示，然后按下"确定"按钮，系统经过运算后设置模具坐标与工作坐标系相匹配。

10.4.3 创建工件

（1）单击"注塑模向导"工具条中的 按钮，弹出"工件尺寸"对话框选择"标准长方体"复选框，选择定义式为"距离容差"。

（2）工件尺寸把 Y 改成"20"，其他系统默认设置。

（3）单击"工件尺寸"对话框中的"应用"按钮，系统运算后得到工件。

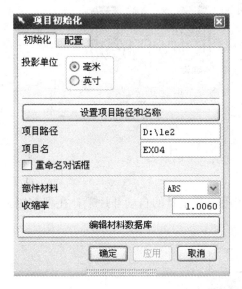

图 10-3

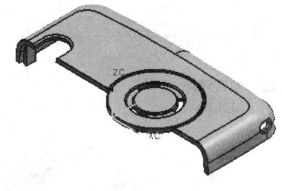

图 10-4

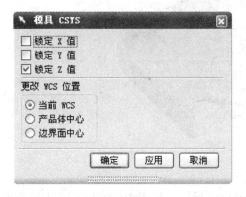

图 10-5

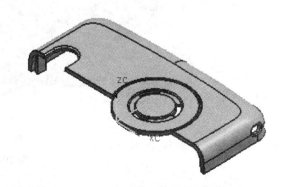

图 10-6

（4）单击"工件尺寸"对话框中的"取消"按钮，完成工件的创建。

10.4.4 型腔布局

（1）单击"注塑模向导"工具条中的 按钮，弹出"型腔布局"对话框。

（2）"型腔布局"对话框的设置，"布局"选项中选择"矩形"和"平衡"复选框，"型腔数"设置为"2"，"IST Dist"选项设置为"0"。

（3）单击 开始布局 按钮，然后在绘图区域没有模型的处单击鼠标右键，在弹出的快捷菜单中选择"定向视图"→"俯视图"，或按下"Ctrl+Alt+T"组合键，使视角为俯视。

（4）完成后的视图如图 10-7 所示，然后用鼠标选择向下的箭头。

（5）此时系统会运算后，然后单击"重定位"选项中的 自动对准中心 按钮。

（6）单击 刀槽 按钮，设置"R：10"，"类型"为"2"。单击"型腔布局"对话框的"取消"按钮，完成型腔布局，完成后如图 10-8 所示。

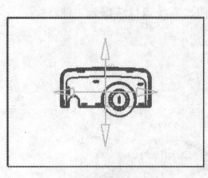

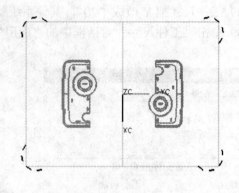

图 10-7 | 图 10-8

10.4.5 型孔修补

（1）如图 10-9 所示，此孔是靠破孔，可以直接用模具工具的自动补片 补在型腔侧。

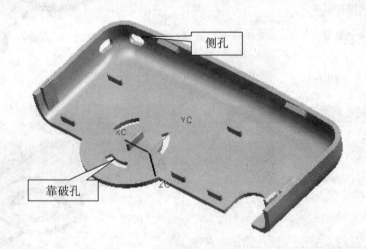

图 10-9

（2）用模具工具的 画 来补以上箭头所指的孔，弹出对话框，如图 10-10 所示，去掉按面的颜色遍历，选中椭圆的一条边，接受，下一个路径，接受，直到选完所要填补的区域，效果完成如图 10-11 所示。

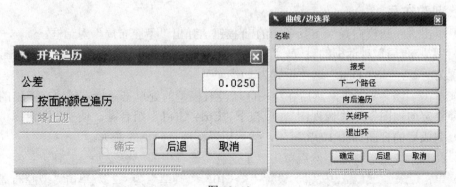

图 10-10

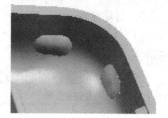

图 10-11

10.4.6 分型

1. 创建分型线

（1）单击"分型管理器"对话框中的按钮，弹出"分型线"对话框，如图 10-12 所示。

（2）在"分型线"对话框中设置"公差"为"0.01"，然后单击"自动搜索分型线"按钮，弹出"搜索分型线"对话框，单击"应用"按钮，得到如图 10-13 所示完成分型线的创建。

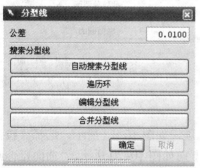

图 10-12

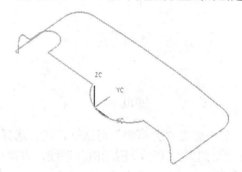

图 10-13

2. 编辑分型线

（1）单击"分型管理器"对话框中的按钮，弹出"分型 D"对话框，如图 10-14 所示。

（2）单击"分型段"对话框中的按钮，此时系统会弹出"点构造器"对话框，如图 10-15 所示，利用鼠标选择如图 10-16 所示的 10 个过渡点。

图 10-14

图 10-15

3. 创建分型面

（1）单击"分型管理器"对话框中的 按钮，弹出"创建分型面"对话框，如图 10-17 所示。

（2）在"创建分型面"对话框中设置"公差"为"0.01"，"距离"为"25.2032"，然后按下 创建分型面 按钮。

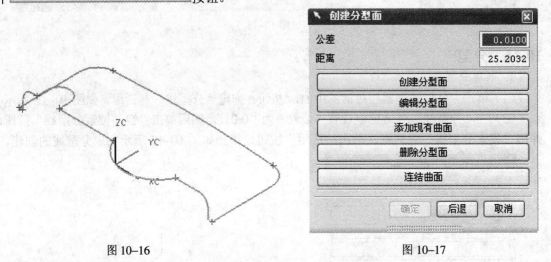

图 10-16　　　　　　　　　　　　　　　　　图 10-17

（3）弹出"分型面"对话框，然后选择"拉伸"选项，如图 10-18 所示，选择"拉伸方向"，得到如图 10-19 所示的分型线，方向往 XC 的负方向如图 10-20 所示，"曲面延伸距离拖动"为"66.7383"如图 10-21 所示，超过工件的尺寸即可，如图 10-22 所示。

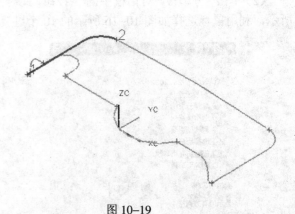

图 10-18　　　　　　　　　　　　　　　　　图 10-19

（4）用同样的方法将其他段分型线创建分型线，完成后的分型面如图 10-23 所示。

4. 抽取区域和分型线

（1）单击"分型管理器"对话框中的 按钮，弹出"区域和直线"对话框，如图 10-24 所示。

图 10–20

图 10–21

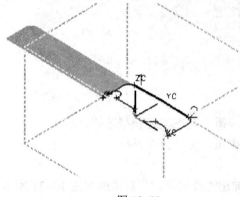

图 10–22

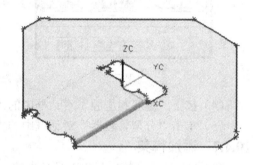

图 10–23

（2）在"区域和直线"对话框中设置"抽取区域方法"为"边界区域"，然后按下"确定"按钮。

（3）弹出"抽取区域"对话框如图 10–25 所示。显示"总面数：101"、"型腔面：31"、"型芯面：70"，然后单击"确定"按钮，完成抽取区域的操作。

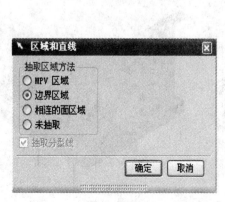

图 10–24

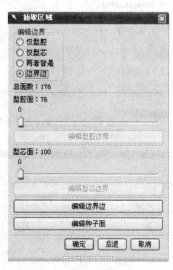

图 10–25

5. 创建型腔和型芯

（1）单击"分型管理器"对话框中的  按钮，弹出"型芯和型腔"对话框，如图 10–26 所示。

（2）设置"型芯和型腔"对话框中的"公差"为"0.1"，单击 自动创建型腔型芯 按钮。

（3）经过运算后绘图区域内如图 10–27 所示。

图 10–26

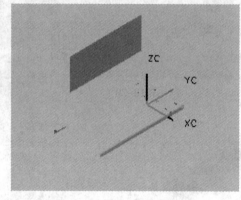

图 10–27

（4）按下"型芯和型腔"对话框中的"后退"按钮，完成型腔和型芯的分割。

（5）单击"分型管理器"对话框中的"关闭"按钮，完成分型操作。

10.4.7 添加模架

（1）单击"注塑模向导"工具条中的 模 按钮，弹出"模架管理"对话框如图 10–28 所示。

（2）在"模架管理"对话框中设置"目录"为"LKM_SG"，尺寸为"2025"，设置"AP_H=50"，"BP_H=30"，如图 10–28 所示，然后按下"应用"按钮。

（3）经过运算后加入模架如图 10–29 所示。

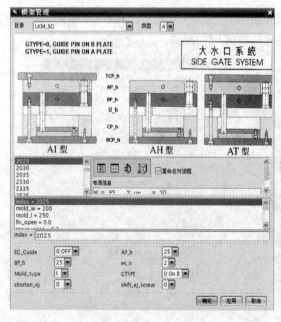

图 10–28

图 10–29

（4）单击"应用"按钮，接着单击"取消"按钮，完成后的模仁与模架如图10-29所示。

（5）单击"模架管理"对话框的"取消"按钮，完成模架的添加。

10.4.8 添加标准件

1. 添加定位环

（1）单击"注塑模向导"工具条中的 ![按钮] 按钮，弹出"标准件管理"对话框，如图 10-30 所示。

（2）设置"标准件管理"对话框的参数，"目录"为"DME"，"Locating Ring"中选择"R"，"DIAMETER"的下拉列表中选择"100"，"BOTTOM_C_BORE_DIA"的下拉列表中选择"38"，然后单击"应用"按钮。

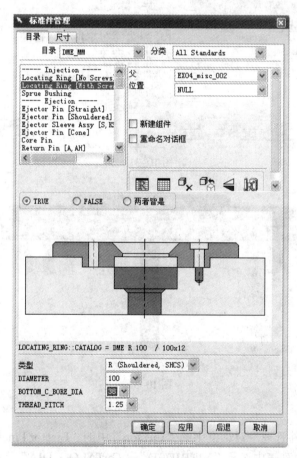

图 10-30

2. 添加浇口衬套

单击"标准件管理"对话框中的"Injection"中的"Sprue Bushing"选项，在"CATALOG_DIA"的下拉列表中选择"12"，"HEAD_HEIGHT"下拉列表中选择"16"，"半径"下拉列表中选择"NO"，"o"下拉列表中选择"3.5"。选择"尺寸"选项卡里面的"CATALOG_LENGTH"，将其设为"70"，如图 10-31 所示，完成后单击"应用"按钮，完成后如图 10-32 所示。

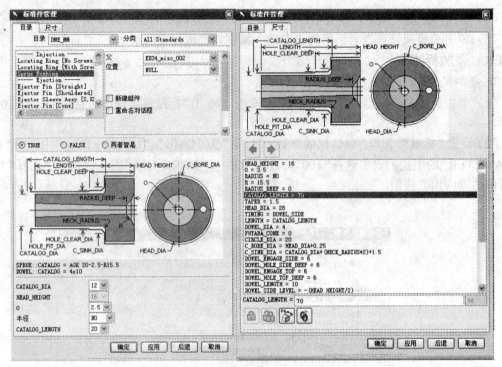

图 10-31

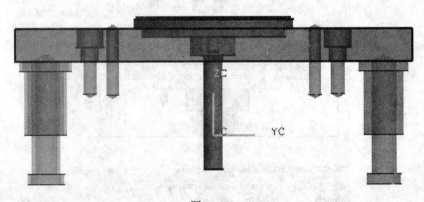

图 10-32

3. 添加顶杆

（1）单击"标准件管理"对话框中的"Ejecton"中的"Ejector Pin［Straight］"选项，在"MATERTAL"的下拉列表中选择"NITRIDED"，"CATALOG_DIA"下拉列表中选择"2.5"，"CATALOG_LENGTH"下拉列表中选择"500"，"HEAD_TYPE"下拉列表中选择"1"，如图 10-33 所示设置完毕后，单击"应用"按钮。

（2）此时会弹出"点构造器"对话框，在俯视图下用"光标位置"设置顶杆基点。然后单击"确定"按钮或按下"Enter"键，接着用同样的方法输入顶杆基点。只要点到合适的位置，"光标位置"添加顶杆基点会比较容易确定，如图 10-34 所示。

（3）单击"取消"按钮，退出"点构造器"对话框，单击"标准件管理"对话框中"取消"按钮，完成顶杆效果图如图 10-35 所示。

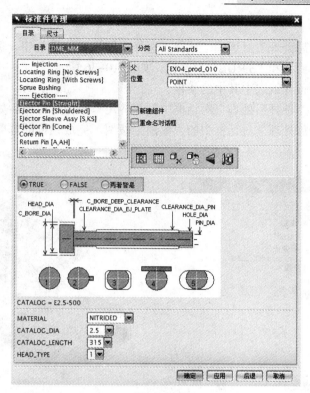

图 10–33

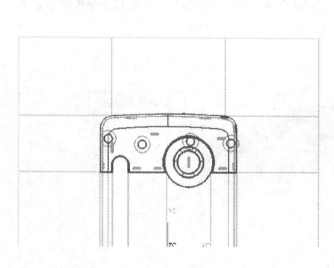

图 10–34

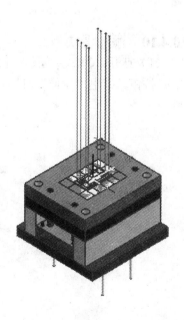

图 10–35

10.4.9 顶杆后处理

（1）在装配导航器中零件隐藏好，只显示顶杆和型芯（零件将前面的勾选成灰色即可）。

（2）单击"注塑模向导"工具条中的 按钮，弹出"顶杆后处理"对话框，如图 10–36

189

所示。

（3）设置"顶杆后处理"对话框，选择"选择步骤"中的 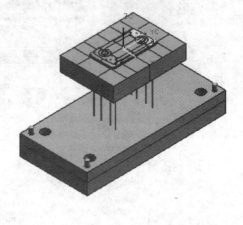 按钮，进入"修剪过程"选项卡，选择"片体修剪"和"TRUE"点选框，如图10-36所示。

（4）选中所有的顶杆或选中其中的4根。

（5）完成后单击"顶杆后处理"对话框中的"应用"按钮，完成后如图10-37所示。

（6）单击"顶杆后处理"对话框中的"取消"按钮，完成顶杆的修剪。

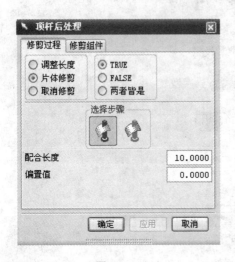

图 10-36

图 10-37

10.4.10 添加滑块

（1）打开CORE层创建滑块，如图10-38所示，按"Ctrl+M"组合键打开建模模组。单击 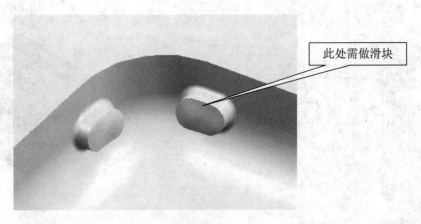 按钮，弹出"拉伸"对话框，"终点"设为"直至选定对象"。

此处需做滑块

图 10-38

（2）创建滑块头，以工件外侧面为草绘平面，绘制一个矩形，拉伸至图10-38所指的表面。操作过程如图10-39所示，完成后如图10-40所示。

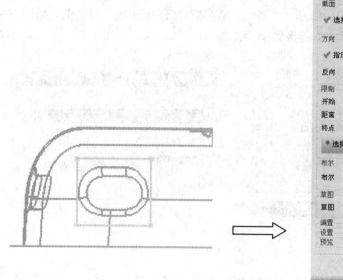

图 10–39

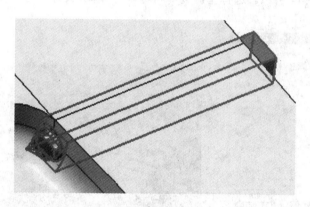

图 10–40

（3）在 菜单下打开装配，然后在装配下打开组件，新建一个滑块头元件，如图 10–41 所示。新建滑块头命名为 s1 的文件名，注意要保存到所在的工作目录下。单击"确定"按钮完成滑块头的建立。

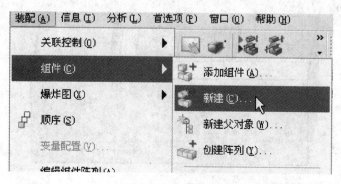

图 10–41

（4）在装配导航器上激活 s1 为工作部件，在"插入"下拉菜单下，打开"关联复制"中的"WAVE 几何链接器"，如图 10-42 所示。弹出"WAVE 几何链接器"对话框，如图 10-43 所示。单击"确定"按钮，把滑块头链接到 s1 上。

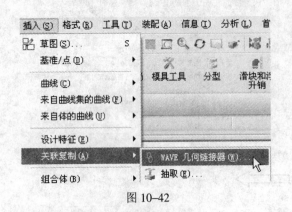

图 10-42

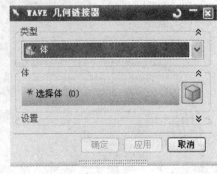

图 10-43

（5）在"装配导航器"上激活 cavity，单击 按钮，弹出"求差"对话框，"设置"为"保留工具体"，如图 10-44 所示。选择型腔为"目标体"，滑块头为"刀具体"，单击"确定"按钮完成，如图 10-45 所示。

图 10-44

图 10-45

（6）在"格式"菜单下选择"WCS"下的"动态"选项，选择坐标原点如图 10-46 所示。Z 轴指向型腔，Y 轴指向里侧。

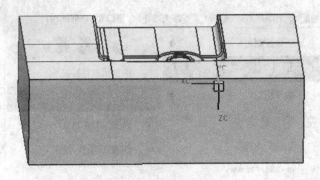

图 10-46

（7）单击 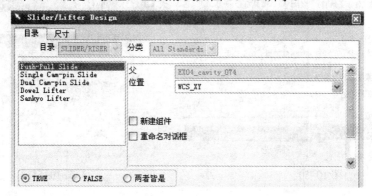 滑块和浮升销 按钮，弹出对话框如图 10—47 所示，选择滑块类型为 "Push-Pull Slide"，单击"尺寸"按钮，修改参数"gib_long=60"，"slide_long=50"，"wide=10"，"cam_back=20"，单击"确定"按钮，生成滑块如图 10—48 所示。

图 10—47

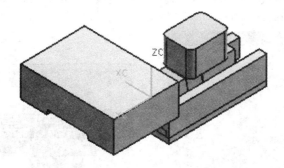

图 10—48

（8）选中滑块体，单击右键，将其设为"工作部件"如图 10—49 所示。

图 10—49

（9）在"插入"下拉菜单下，打开"关联复制"中的"WAVE 几何链接器"，如图 10–50 所示。弹出"WAVE 几何链接器"对话框，如图 10–51 所示。

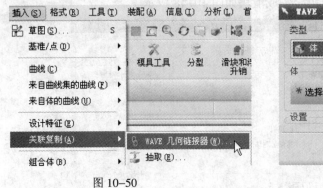
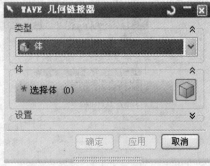

图 10–50   图 10–51

（10）"类型"为体，"选择体"为滑块头。单击"确定"按钮完成几何链接。单击 按钮，"目标体"选择"滑块"，"刀具体"选择"滑块头"，单击"确定"按钮，完成"求和"操作。操作过程如图 10–52 所示。

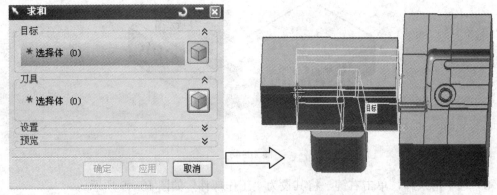

图 10–52

（11）单击"确定"按钮，将滑块与滑块头"求和"操作。

（12）使用同样的方法，创建另一个滑块，结果如图 10–53 所示。

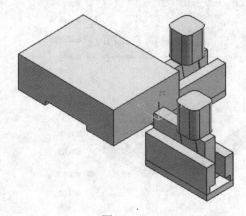

图 10–53

10.4.11 添加斜顶

（1）斜顶用来解决产品上的内侧凹、内侧凸，以及在型芯侧形成的内凹。在"窗口"菜单下打开 core 文件，如图 10–54 所示。

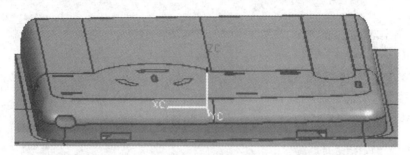

图 10–54

（2）在"格式"菜单下选择"WCS"下的"动态"选项，如图 10–55 所示。选择坐标原点在卡扣的中点上，如图 10–56 所示。Z 轴指向型腔，Y 轴指向外侧。

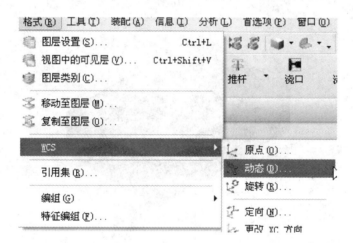

图 10–55

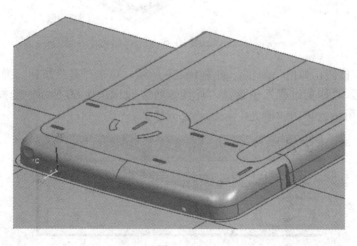

图 10–56

（3）单击 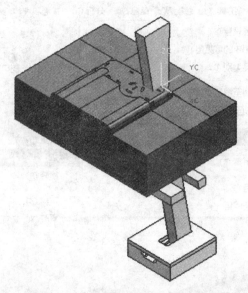 滑块和浮升销 按钮，弹出对话框中类型选取"Dawl-lifter"。单击"尺寸"按钮，修改参数，把"riser_angle=10"，"riser_top=40"，"wise=6.6"，"guide_ft_thk=5"，"guide_rr_thk=5"，"wear_rr_thk=5"，如图10–57所示，单击"确定"按钮，生成的斜顶如图10–58所示。

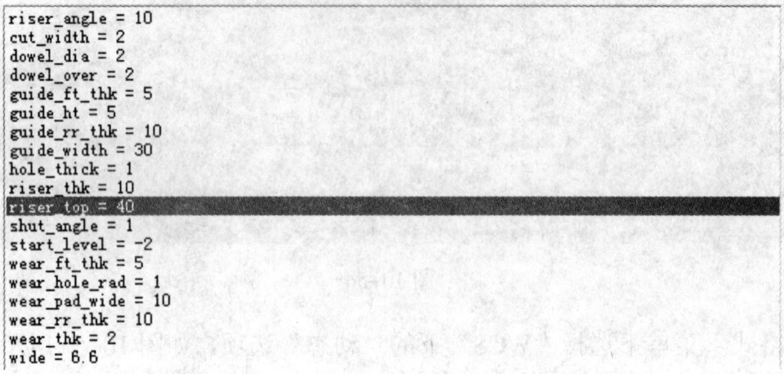

```
riser_angle = 10
cut_width = 2
dowel_dia = 2
dowel_over = 2
guide_ft_thk = 5
guide_ht = 5
guide_rr_thk = 10
guide_width = 30
hole_thick = 1
riser_thk = 10
riser_top = 40
shut_angle = 1
start_level = -2
wear_ft_thk = 5
wear_hole_rad = 1
wear_pad_wide = 10
wear_rr_thk = 10
wear_thk = 2
wide = 6.6
```

图 10–57

图 10–58

（4）单击 按钮，弹出信息框，如图10–59所示，单击"是"按钮。弹出"模具修剪管理"对话框，进入"修剪过程"中选择"片体修剪"，如图10–60所示。选择要修剪的斜顶，结果如图10–61所示。单击"确定"按钮，完成修剪。

更改显示部件

当前 unigraphics 会话中有个顶部装配部件，您想要将其设置为显示部件吗？

是　　　　　　　　否

图 10–59

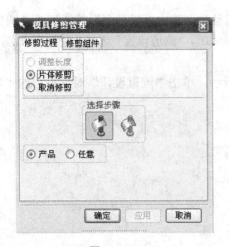

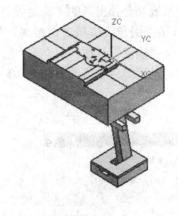

图 10-60

图 10-61

10.4.12　添加流道

（1）在装配导航器上隐藏不必要的节点，将 Z 轴的原点上移 4.275 5 mm 到分模面上。单击"注塑模向导"工具条中的 按钮，弹出"流道设计"对话框，如图 10-62 所示。

（2）更改 X 轴坐标方向，和流道方向一致。在"流道设计"对话框中的"可用图样"下拉列表中选择"2 腔"，将"A"值设置为"40"，"angle_rotate=80"，如图 10-62 所示，此时会生成流道的引导线，然后单击"确定"按钮。

（3）弹出新的"流道设计"对话框，将"复制方法"设置为"移动"，单击"确定"按钮，如图 10-63 所示。

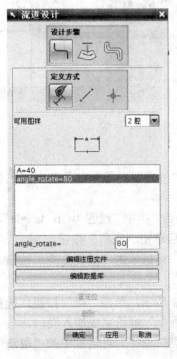

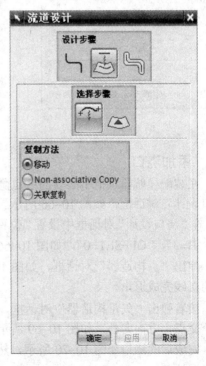

图 10-62

图 10-63

197

（4）此时系统又会弹出新的"流道设计"对话框，选中"横截面"的类型为"圆"，"R"值设置为"5"，在"引导线串和Z向距离"设置为"0"，"流道位置"选择"型腔"，如图10–64所示，然后按下"确定"按钮。

（5）系统经过运算后生成流道如图10–65所示，单击"流道设计"对话框中的"取消"按钮。

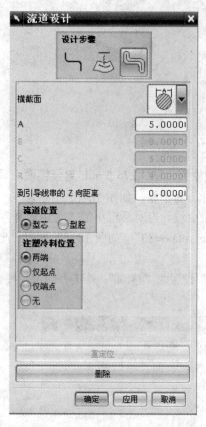

图 10–64

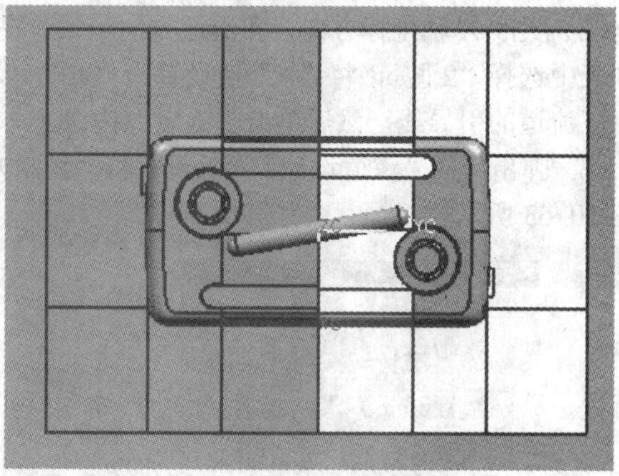

图 10–65

10.4.13　添加浇口

（1）在装配导航器上把不必要的节点隐藏。单击"注塑模向导"工具条中的 按钮，弹出"浇口设计"对话框，如图10–66所示。

（2）在"浇口设计"对话框中设置"位置"为"型芯"，"类型"设置为"rectangle"，"L=5"，"H=1"，"B=3"，"OFFSET=0"，如图10–66所示，然后单击"应用"按钮。

（3）弹出"点构造器"对话框，如图10–67所示，然后单击"捕捉交点"按钮。选择两条相交的直线完成退出。

（4）接着弹出"矢量构造器"对话框，如图10–68所示，单击" "按钮，选择刚才创建的两个交点，方向向外，如图10–69所示。单击"确定"按钮完成加入浇口。

（5）完成后的浇口如图10–70所示，然后单击"浇口设计"对话框中的"取消"按钮，退出浇口设计。

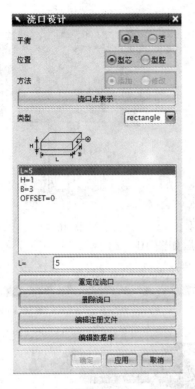

图 10-66

图 10-67

图 10-68

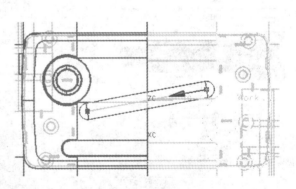

图 10-69

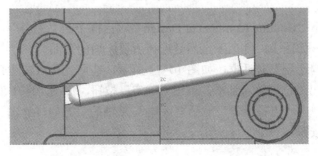

图 10-70

10.4.14 添加冷却管道

（1）在装配导航器中把不必要的节点隐藏，此时绘图区域内只显示定模侧，其余部件全部隐藏，结果如图 10-71 所示。

（2）单击"注塑模向导"工具条中的 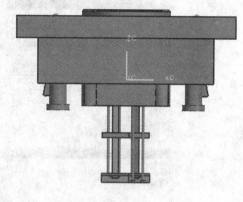 按钮，弹出"Cooling Component Design"（冷却管道设计）对话框，如图 10-72 所示。

（3）在"Cooling Component Design"对话框中选择冷却管类型为"COOLING HOLE"，在"PIPE_THREAD"下拉列表中选择"M8"选项，然后单击"尺寸"选项卡，把"HOLE_1_DEPTH"改为"220"，"HOLE_2_DEPTH"改为"220"，完成后如图 10-72 所示。

图 10-71

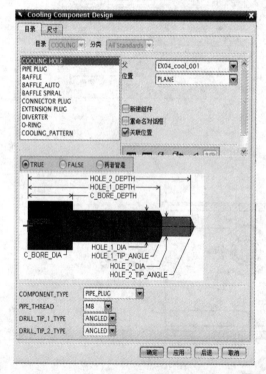
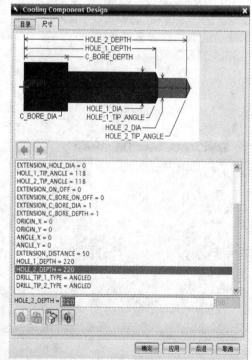

图 10-72

（4）完成后按下"Cooling Component Design"对话框中的"应用"按钮，此时弹出"选择一个面"对话框，如图 10-73 所示，然后选择所要添加的平面。

（5）弹出"点构造器"对话框，如图 10-74 所示，选用光标点在适合的位置上单击，按下"Enter"键，弹出"位置"对话框，单击"确定"按钮，如图 10-75 所示，接着另一个用对称的方法做，又弹出"点构造器"对话框，输入 X 轴的负方向，弹出"位置"对话框，确定并单击"取消"按钮。

图 10-73

图 10-74

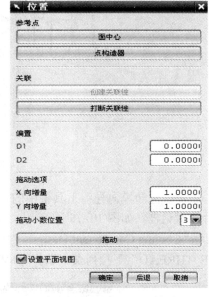

图 10-75

（6）完成如图 10-76 所示，单击 "Cooling Component Design" 对话框中的 "取消" 按钮。

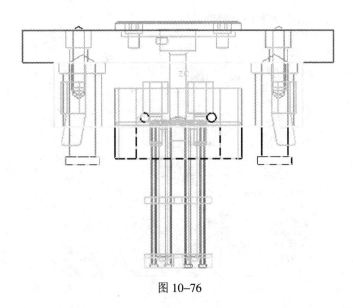

图 10-76

（7）重复步骤（2）～步骤（5），注意第（2）步操作中"Cooling Component Design"对话框中选择冷却管类型为"COOLING HOLE"，在"PIPE_THREAD"下拉列表中选择"M8"选项，然后单击"尺寸"选项卡，把"HOLE_1_DEPTH"改为"180"，"HOLE_2_DEPTH"改为"180"，接下来的操作用同样方法，完成后如图 10-77 所示。

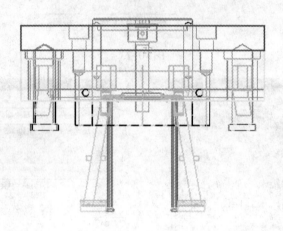

图 10-77

（8）单击"注塑模向导"工具条中的 ![按钮] 按钮，弹出"Cooling Component Design"（冷却管道设计）对话框，如图 10-78 所示。

（9）在"Cooling Component Design"对话框中选择连接管类型为"CONNECTOR PLUG"，在"PIPE_THREAD"下拉列表中选择"M8"选项，完成后如图 10-78 所示。

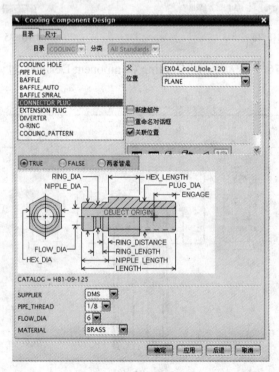

图 10-78

（10）按下"Cooling Component Design"对话框中的"应用"按钮，此时弹出"选择一个面"对话框，如图 10–79 所示，然后选择所要添加的平面。

（11）弹出"点构造器"对话框，如图 10–80 所示，捕捉冷却管道的圆心，按下"Enter"键，弹出"位置"对话框，单击"确定"按钮，如图 10–81 所示，接着另一个用对称的方法做，又弹出"点构造器"对话框，输入 X 轴的负方向，弹出"位置"对话框，确定并单击"取消"按钮。

图 10–79

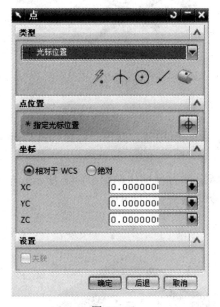

图 10–80

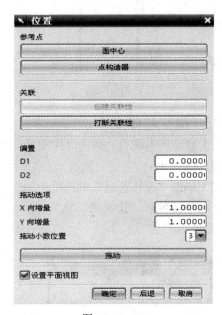

图 10–81

（12）完成后如图 10–82 所示。

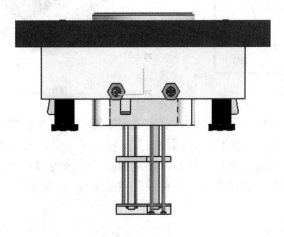

图 10–82

（13）完成"COOLING HOLE"和"CONNECTOR PLUG"操作后，如图 10–83 所示，要添加堵头"PIPE PLUG.","PIPE PLUG"的尺寸与"COOLING HOLE"配套一样，操作步骤参考以上步骤，完成后如图 10–84 所示。

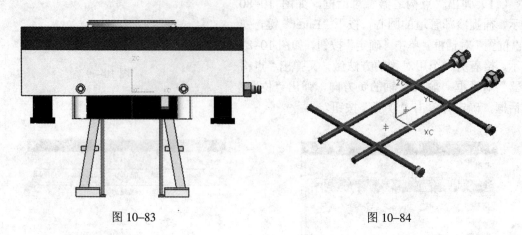

图 10–83　　　　　　　　　　　　　　　　图 10–84

10.4.15　建立腔体

（1）显示所有部件，单击"注塑模向导"工具条中的 按钮，弹出"腔体管理"对话框，如图 10–85 所示。

（2）单击"腔体管理"对话框中的 按钮，选择定模为目标体如图 10–86 所示，单击 按钮，选择定位环、主流道、浇口、顶杆、斜顶和冷却系统为刀具体。

图 10–85

图 10–86

（3）单击"确定"按钮，系统经过运算完成定模侧 T 板、A 板的操作。

（4）单击"腔体管理"对话框中的 按钮，选择动模为目标体如图 10–87 所示，单击 按钮，选择定位环、主流道、浇口、顶杆、斜顶和冷却系统为刀具体。

（5）选择菜单栏下的"文件"→"全部保存并退出"，完成保存工作退出 UG NX 软件，如图 10–88 所示。

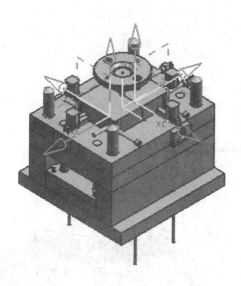

图 10–87

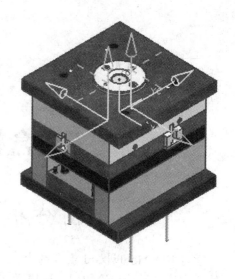

图 10–88

第 11 章

三角盒模具设计范例

11.1 范 例 分 析

学习 UG Moldwizard 模具设计前，最好具备一定的注塑模具设计理论知识，这样学起来会轻松许多。现在以图 11–1 为例学习 UG NX 模具设计。

11.2 学 习 要 点

（1）通过 Moldwizard 模块模具工具修补型孔。
（2）创建模具分型线和分型面，以及产生型芯和型腔。

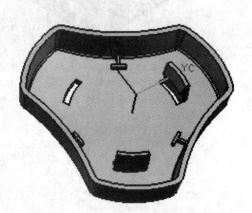

图 11–1

（3）通过 Moldwizard 模块调入 LKM_SG 模架功能，创建模具标准件，如定位圈。
（4）合理分布顶杆，选择顶杆的大小。
（5）创建斜顶滑块。
（6）创建浇注系统和冷却系统。

11.3 设 计 流 程

（1）调入参考模型、设置模具坐标系统。
（2）创建工件、型腔布局。
（3）创建箱体，形成区域补片。
（4）创建分型线和分型面。
（5）产生型芯和型腔。
（6）选择合适的模架。
（7）创建合理的标准件。
（8）合理创建顶杆。
（9）创建斜顶滑块。
（10）浇注系统合理的设置。
（11）冷却系统合理的设置。

（12）创建腔体。

11.4.1 项目初始化

（1）在资源管理器下创建新文件夹，给文件夹取名为 le3，将训练文件 le3 .prt 复制到该文件夹中。

（2）双击桌面的 UG NX5.0 快捷方式图标，或单击"开始"→"程序"→"UG NX5.0"→"NX5.0"，打开后如图 11-2 所示。

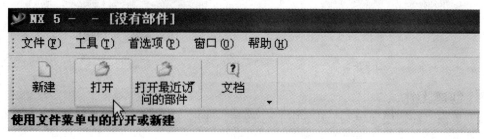

图 11-2

（3）在 NX5.0 界面的菜单栏中单击 按钮，在弹出的菜单中选择"所有应用模块"，然后在所有应用模块中选择"注塑模向导"按钮。

（4）单击"注塑模向导"工具条中的 按钮，接着在弹出的"打开部件文件"对话框中选择 le3 文件夹为查找范围，选中 le3.prt 文件，接着单击"OK"按钮。

（5）系统运算后弹出的"项目初始化"对话框中，选择"部件材料"为"ABS"，此时系统会自动选择"收缩率"为"1.0060"，完成后按下"确定"按钮，如图 11-3 所示。

（6）系统经过运算后绘图区域内如图 11-4 所示。

图 11-3

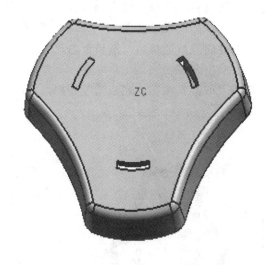

图 11-4

11.4.2 设置模具坐标系统

单击"注塑模向导"工具条中的 按钮，弹出"模具 CSYS"对话框，设置参数，如图 11-5 所示，然后按下"确定"按钮，系统经过运算后设置模具坐标与工作坐标系相匹配，完成后的模型如图 11-6 所示。

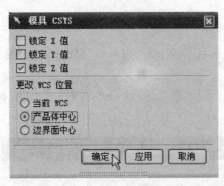

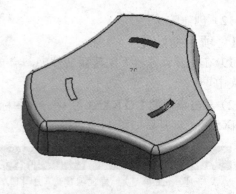

图 11-5 图 11-6

11.4.3 创建工件

（1）单击"注塑模向导"工具条中的 ⬚ 按钮，弹出"工件尺寸"对话框选择"标准长方体"复选框，选择定义式为"距离容差"。

（2）工件尺寸系统默认设置。

（3）单击"工件尺寸"对话框中的"应用"按钮，系统运算后得到工件。

（4）单击"工件尺寸"对话框中的"取消"按钮，完成工件的创建。

11.4.4 型腔布局

（1）单击"注塑模向导"工具条中的 ⬚ 按钮，弹出"型腔布局"对话框。

（2）"型腔布局"对话框的设置，"布局"选项中选择"矩形"和"平衡"复选框，"型腔数"设置为"2"，"IST Dist"选项设置为"0"。

（3）单击 开始布局 按钮，然后在绘图区域没有模型处单击鼠标右键，在弹出的快捷菜单中选择"定向视图"→"俯视图"，或按下"Ctrl+Alt+T"组合键，使视角为俯视。

（4）完成后的视图如图 11-7 所示，然后用鼠标选择左方的箭头。

（5）此时系统运算后，然后单击"重定位"选项中的 自动对准中心 按钮。

（6）单击 ▨▨ 按钮，设置"R：10"，类型为"2"。完成以后单击"型腔布局"对话框的"取消"按钮，完成型腔布局，完成后如图 11-8 所示。

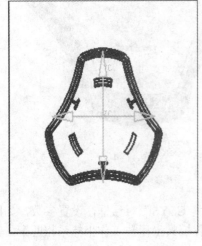
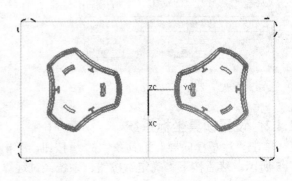

图 11-7 图 11-8

11.4.5 型孔修补

（1）如图 11-9 所示，此孔是靠破孔，可以直接用模具工具的自动补片█补在型腔侧。

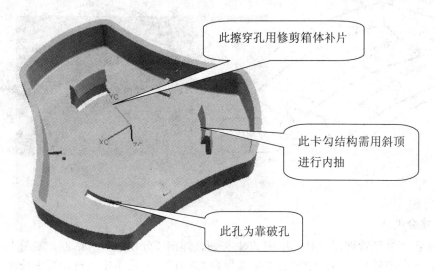

此擦穿孔用修剪箱体补片

此卡勾结构需用斜顶进行内抽

此孔为靠破孔

图 11-9

（2）用修剪箱体补片功能补型孔。创建箱体是指创建一个长方体填充所选定的局部开放区域，一般用于表面补片和边线修补难以修补的区域。单击模具工具中的█按钮，来创建一个箱体，箭头所指的 3 个面创建箱体，效果如图 11-10 所示。

（3）以下修剪箱体和边缘补片。单击模具工具中的分割实体按钮█，点取方箱为分割实体，点选五个相关面为分割平面，如图 11-11 所示，点选翻转修剪，如图 11-12 所示。继续修剪以上箱体，直至修剪出如图 11-13 所示的结果。

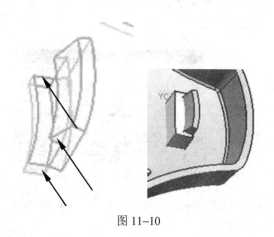

图 11-10

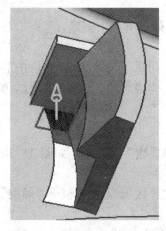

图 11-11

图 11-12

图 11-13

（4）单击 ◆ 按钮，选取如图 11-14 所示的线条为分割线，得到如图 11-15 所示的结果。

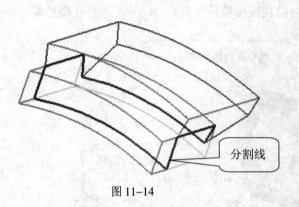

图 11-14

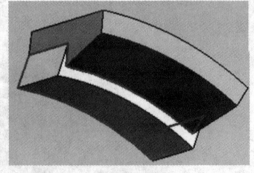

图 11-15

11.4.6 分型

1. 创建分型线

（1）单击"分型管理器"对话框中的 按钮，弹出"分型线"对话框，如图 11-16 所示。

（2）在"分型线"对话框中设置"公差"为"0.01"，然后单击"自动搜索分型线"按钮，弹出"搜索分型线"对话框，单击"应用"按钮，确定得到如图 11-17 所示完成分型线的创建。

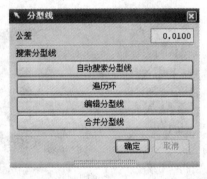

图 11-16

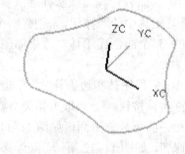

图 11-17

2. 创建分型面

（1）单击"分型管理器"对话框中"创建/编辑分型面"按钮 ，弹出"创建分型面"对话框，如图 11-18 所示。

（2）在"创建分型面"对话框中设置"公差"为"0.01"，"距离"为"60"，然后按下 创建分型面 按钮。系统经过运算后得到分型面，完成后的分型面如图 11-19 所示。

3. 抽取区域和分型线

（1）单击"分型管理器"对话框中的 按钮，弹出"区域和直线"对话框，如图 11-20 所示。

（2）在"区域和直线"对话框中设置"抽取区域方法"为"边界区域"，然后按下"确定"按钮。

（3）弹出"抽取区域"对话框，如图 11-21 所示，显示"总面数：101"，"型腔面：31"，

"型芯面：70"，然后单击"确定"按钮，完成抽取区域的操作。

图 11-18

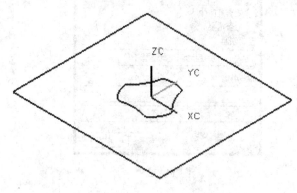

图 11-19

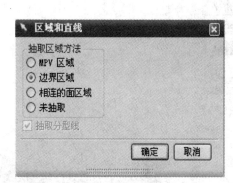

图 11-20

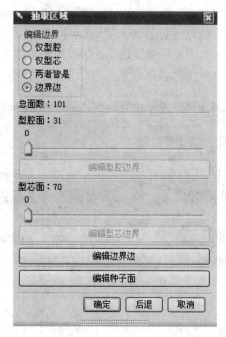

图 11-21

4. 创建型腔和型芯

（1）单击"分型管理器"对话框中的 按钮，弹出"型芯和型腔"对话框，如图 11-22 所示。

（2）设置"型芯和型腔"对话框中的"公差"为"0.1"，单击 自动创建型腔型芯 按钮。

（3）经过运算后绘图区域内如图 11-23 所示。

（4）按下"型芯和型腔"对话框中的"后退"按钮，完成型腔和型芯的分割。

（5）单击"分型管理器"对话框中的"关闭"按钮，完成分型操作。

11.4.7 添加模架

（1）单击"注塑模向导"工具条中的 按钮，弹出"模架管理"对话框，如图 11-24 所示。

图 11-22   图 11-23

（2）在"模架管理"对话框中设置"目录"为"LKM_SG"，尺寸为"2030"，如图 11-24 所示，"AP_H=50"，"BP_H=30"，"Mold_type= I "，然后按下"应用"按钮。

（3）经过运算后加入模架如图 11-25 所示。

（4）单击"应用"按钮，接着单击"取消"按钮，完成后的模仁与模架如图 11-25 所示。

（5）单击"模架管理"对话框的"取消"按钮，完成模架的添加。

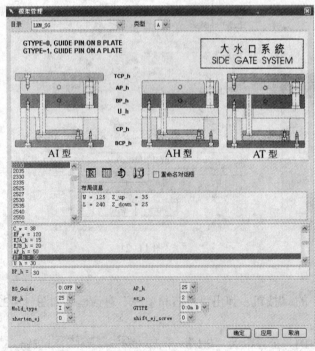

图 11-24   图 11-25

11.4.8 添加标准件

1. 添加定位环

（1）单击"注塑模向导"工具条中的 按钮，弹出"标准件管理"对话框，如图 11-26 所示。

（2）设置"标准件管理"对话框的参数，"目录"为"DME"，"Locating Ring"中选择"R"，"DIAMETER"的下拉列表中选择"100"，"BOTTOM_C_BORE_DIA"的下拉列表中选择"38"，然后单击"应用"按钮。

2. 添加浇口衬套

单击"标准件管理"对话框中的"Injection"里面的"Sprue Bushing"选项，在"CATALOG _DIA"的下拉列表中选择"12"，"HEAD_HEIGHT"下拉列表中选择"16"，"半径"下拉列表中选择"NO"，"o"下拉列表中选择"3.5"。选择"尺寸"选项卡中的"CATALOG_LENGTH"，将其设为"80"，如图11-27所示，单击"应用"按钮，完成后如图11-28所示。

3. 添加顶杆

（1）单击"标准件管理"对话框中的"Ejecton"中的"Ejector Pin［Straight］"选项，在"MATERTAL"的下拉列表中选

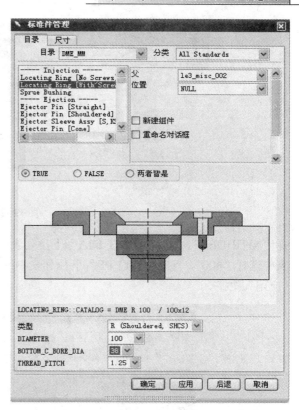

图 11-26

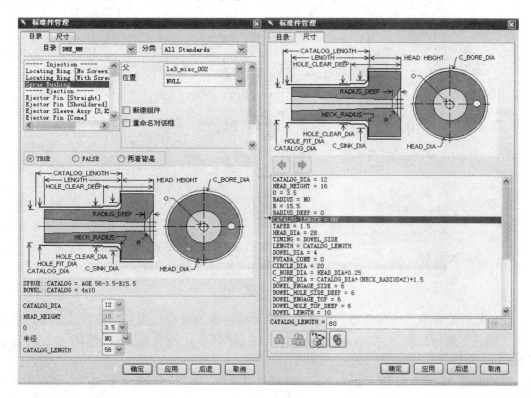

图 11-27

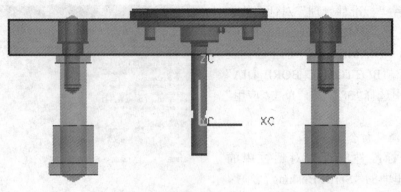

图 11-28

择"NITRIDED","CATALOG_DIA"下拉列表中选择"2","CATALOG_LENGTH"下拉列表中选择"400","HEAD_TYPE"下拉列表中选择"1",如图 11-29 所示设置完毕后,单击"应用"按钮。

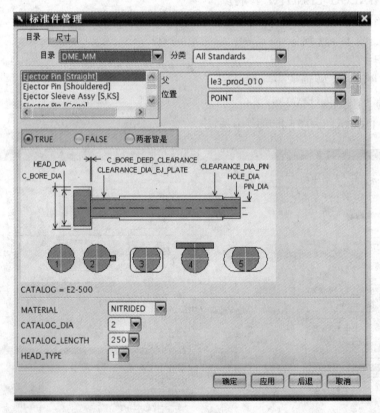

图 11-29

（2）此时会弹出"点构造器"对话框,用光标单击设置顶杆基点在模型边侧上,然后单击"确定"按钮或按下"Enter"键,如图 11-30 所示,用光标法对于初学者比较容易掌握。

（3）单击"取消"按钮,退出"点构造器"对话框,单击"标准件管理"对话框中"取消"按钮,完成顶杆效果图如图 11-31 所示。

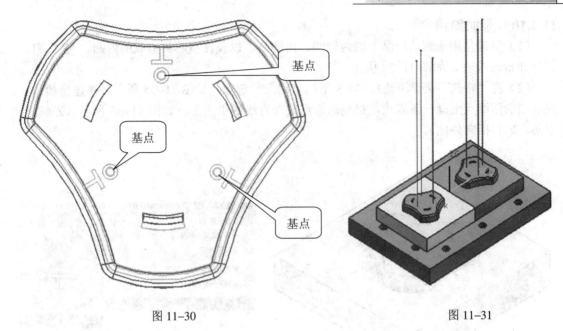

基点

基点

基点

图 11-30

图 11-31

11.4.9 顶杆后处理

（1）在装配导航器中零件隐藏好，只显示顶杆和型芯（零件将前面的勾选成灰色即可）。

（2）单击"注塑模向导"工具条中的　按钮，弹出"顶杆后处理"对话框，如图 11-32 所示。

（3）设置"顶杆后处理"对话框，选择"选择步骤"中的　按钮，进入"修剪过程"选项卡，选择"片体修剪"和"TRUE"，如图 11-32 所示。

（4）选中所有的顶杆或选其中的 3 根。

（5）单击"顶杆后处理"对话框中的"应用"按钮，完成后如图 11-33 所示。

（6）单击"顶杆后处理"对话框中的"取消"按钮，完成顶杆的修剪。

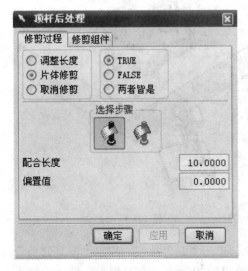

图 11-32

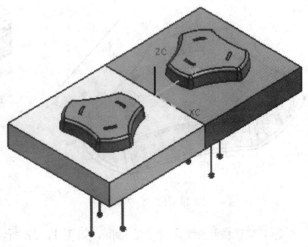

图 11-33

11.4.10　添加斜顶

（1）斜顶是用来解决产品上的内侧凹、内侧凸，以及在型芯侧形成的内凹。在"窗口"下打开 core 文件，如图 11–34 所示。

（2）在"格式"菜单下选择 WCS 下的"动态"选项，如图 11–35 所示。在建模模组下，在卡扣的两端点上画一条直线，把坐标原点放在直线的中点上，如图 11–36 所示（Z 轴指向型芯，Y 轴指向外侧）。

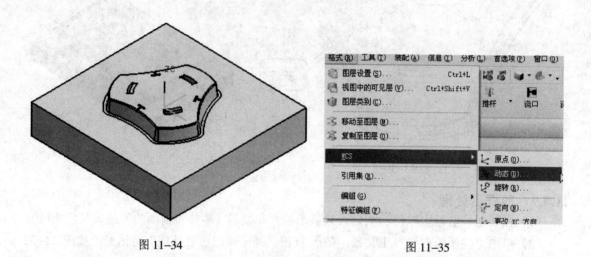

图 11–34　　　　　　　　　　　　　　　　图 11–35

（3）单击 ![滑块和浮升销] 按钮，弹出对话框。单击"尺寸"按钮，修改参数，"riser_angle=10"，"riser_top=40"，"wide=15"，"guide_ft_thk=5"，单击"确定"按钮。系统生成斜顶，如图 11–37 所示。

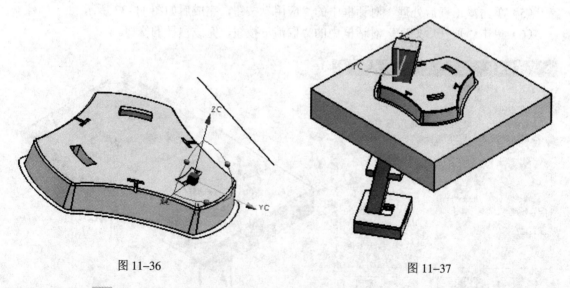

图 11–36　　　　　　　　　　　　　　　　图 11–37

（4）单击 ![模具修剪] 按钮，弹出信息框，如图 11–38 所示。单击"是"按钮。弹出"模具修剪管理"对话框，在"修剪过程"中选择"片体修剪"，如图 11–39 所示。在装配导航器上隐藏不必要的节点，选择要修剪的斜顶，如图 11–40 所示。单击"确定"按钮，完成修剪，结果如

图 11-41 所示。

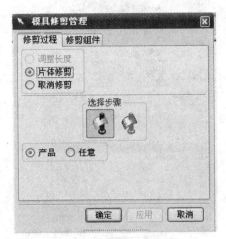

图 11-38

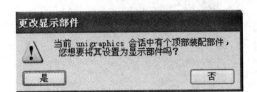

图 11-39

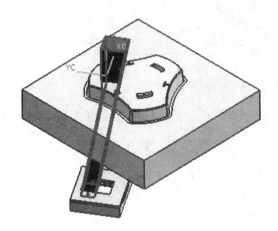

图 11-40

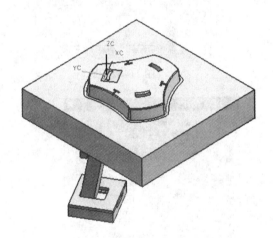

图 11-41

11.4.11　添加流道

（1）在装配导航器上隐藏不必要的节点，单击"注塑模向导"工具条中的 按钮，弹出 "流道设计"对话框，如图 11-42 所示。

（2）更改 X 轴坐标方向，和流道方向一致。在"流道设计"对话框中的"可用图样"下 拉列表中选择"2 腔"，将"A"值设置为"40"，如图 11-42 所示，此时会生成流道的引导线， 然后单击"确定"按钮。

（3）弹出新的"流道设计"对话框，将"复制方法"设置为"移动"，单击"确定"按钮， 如图 11-43 所示。

（4）此时系统又会弹出新的"流道设计"对话框选中"横截面"的类型为"圆"，"R" 值设置为"8"，在"到引导线串的 Z 向距离"设置为"0"，"流道位置"选择"型芯"，如图 11-44 所示，然后按下"确定"按钮。

（5）系统经过运算后生成流道如图 11-45 所示，单击"流道设计"对话框中的"取消" 按钮。

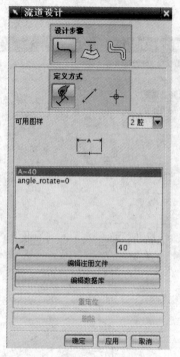

图 11-42

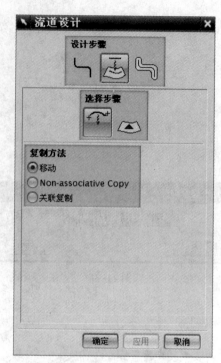

图 11-43

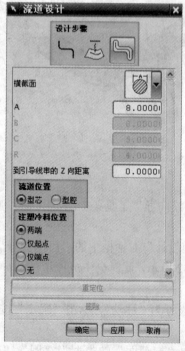

图 11-44

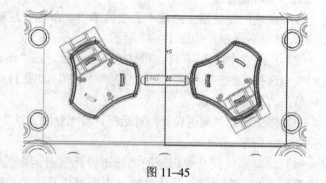

图 11-45

11.4.12　添加浇口

（1）在装配导航器中把不必要的节点隐藏。单击"注塑模向导"工具条中的 ▓ 按钮，弹出"浇口设计"对话框，如图 11-46 所示。

（2）在"浇口设计"对话框中设置"位置"为"型芯"，"类型"设置为"rectangle"，"L=8"，"H=1"，"B=3"，"OFFSET=0"，如图11-46所示，然后单击"应用"按钮。

（3）弹出"点构造器"对话框，如图11-47所示，然后单击"捕捉圆心"按钮。单击"确定"按钮完成退出。

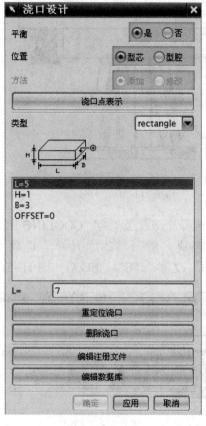

图11-46

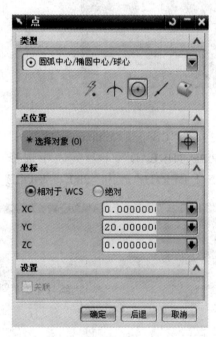

图11-47

（4）选择刚才创建的浇点，接着弹出"矢量构造器"对话框，如图11-48所示，选择"-XC"方向，加入浇口。

（5）完成后的浇口如图11-49所示，然后单击"浇口设计"对话框中的"取消"按钮，退出浇口设计。

11.4.13 添加冷却管道

（1）在装配导航器中把不必要的节点隐藏，此时绘图区域内只显示定模侧，其余部件全部隐藏结果如图11-50所示。

（2）单击"注塑模向导"工具条中的 按钮，弹出"Cooling Component Design"（冷却管道设计）对话框，如图11-51所示。

图11-48

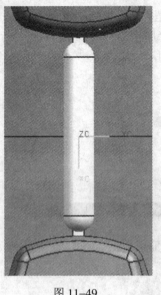

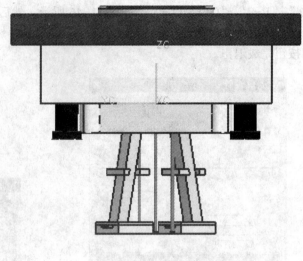

图 11-49   图 11-50

（3）在"Cooling Component Design"对话框中选择冷却管类型为"COOLING HOLE"，在"PIPE_THREAD"下拉列表中选择"M10"选项，然后单击"尺寸"选项卡，把"HOLE_1_DEPTH"改为"280"，"HOLE_2_DEPTH"改为"280"，完成后如图 11-51 所示。

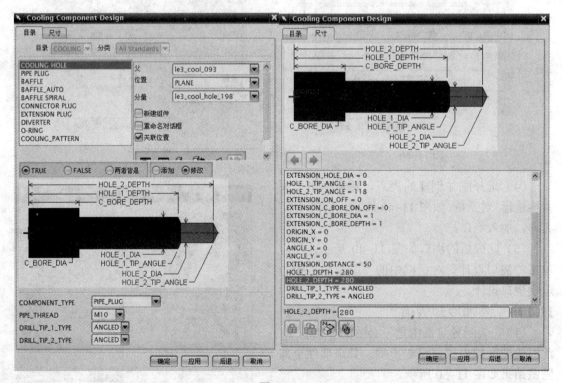

图 11-51

（4）完成后按下"Cooling Component Design"对话框中的"应用"按钮，此时弹出"选择一个面"对话框，如图 11-52 所示，然后选择所要添加的平面。

（5）弹出"点构造器"对话框，如图 11-53 所示，选用光标点在适合的位置上单击，按下"Enter"键，弹出"位置"对话框，单击"确定"按钮，如图 11-54 所示，接着另一个用对称的方法做，又弹出"点构造器"对话框，输入 X 轴的负方向，弹出"位置"对话框，确定并单击"取消"按钮。

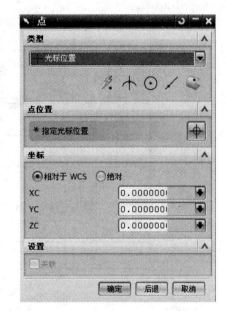

图 11-52

图 11-53

（6）完成如图 11-55 所示，单击"Cooling Component Design"对话框中的"取消"按钮。

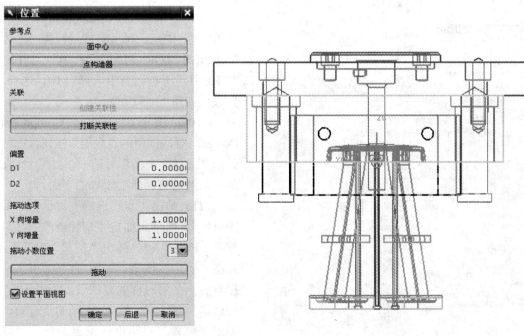

图 11-54

图 11-55

（7）重复步骤（2）～步骤（5），注意第（2）步骤操作中"Cooling Component Design"对话框中选择冷却管类型为"COOLING HOLE"，在"PIPE_THREAD"下拉列表中选择"M10"选项，然后单击"尺寸"选项卡，把"HOLE_1_DEPTH"改为"180"，"HOLE_2_DEPTH"改为"180"，接下来的操作用同样方法，完成后如图 11-56 所示。

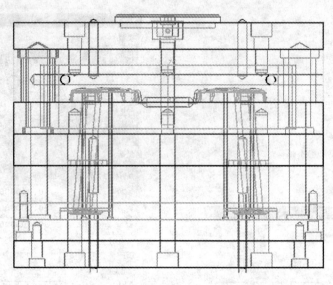

图 11-56

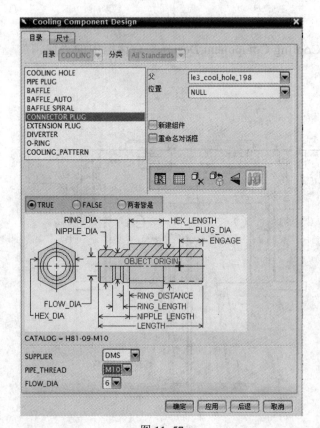

图 11-57

（8）单击"注塑模向导"工具条中的 按钮，弹出"Cooling Component Design"（冷却管道设计）对话框，如图 11-57 所示。

（9）在"Cooling Component Design"对话框中选择连接管类型为"CONNECTOR PLUG"，在"PIPE_THREAD"下拉列表中选择"M10"选项，完成后如图 11-57 所示。

（10）按下"Cooling Component Design"对话框中的"应用"按钮，此时弹出"选择一个面"对话框，如图 11-58 所示，然后选择所要添加的平面。

（11）弹出"点构造器"对话框，如图 11-59 所示，捕捉冷却管道的圆心，按下"Enter"键，弹出"位置"对话框，单击"确定"按钮，如图 11-60 所示，接着另一个用对称的方法做，再弹出"点构造器"对话框，输入 X 轴的负方向，弹出"位置"对话框，确定并单击"取消"按钮。

图 11-58　　　　　图 11-59　　　　　图 11-60

（12）完成后如图 11-61 所示。

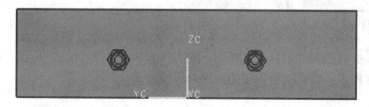

图 11-61

（13）完成"COOLING HOLE"和"CONNECTOR PLUG"操作后，如图 11-62 所示中要添加堵头"PIPE PLUG"，"PIPE PLUG"的尺寸与"COOLING HOLE"配套一样，操作参考以上步骤，完成后如图 11-63 所示。

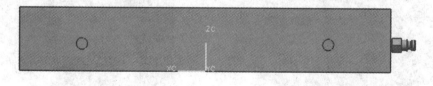

图 11-62

11.4.14　建立腔体

（1）显示所有部件，单击"注塑模向导"工具条中的 ![按钮] 按钮，弹出"腔体管理"对话框，如图 11-64 所示。

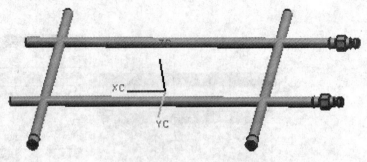

图 11-63

（2）单击"腔体管理"对话框中的 按钮，选择 A 板、B 板为目标体如图 11-65 所示，单击 按钮，选择型腔、型芯刀具体如图 11-66 所示。

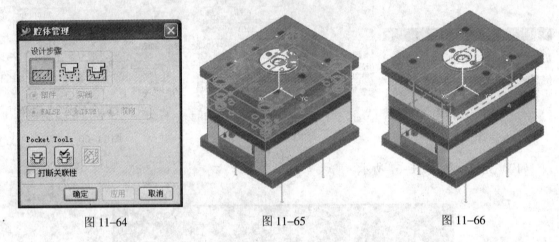

图 11-64   图 11-65   图 11-66

（3）隐藏不必要的部件顶杆，选择剩下的为目标体，如图 11-67 所示，接着框选整个模具，如图 11-68 所示，按"确定"按钮完成开腔操作。

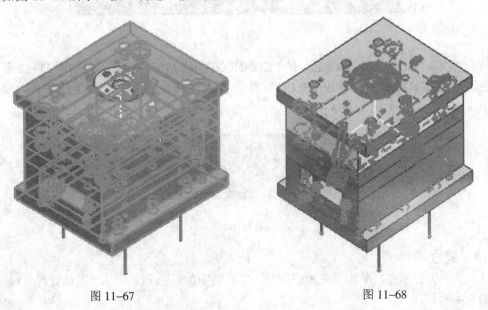

图 11-67   图 11-68

（4）对顶杆进行开腔，隐藏不必要的部件，选择目标体如图 11-69 所示，连按两次"确定"按钮，系统自动找到相交体，进行切割运算。

（5）完成模具设计，效果图如图 11-70 所示。

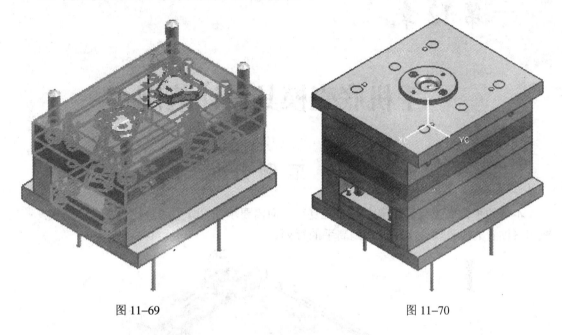

图 11-69　　　　　　　　　　　　　　　　图 11-70

第 12 章

手机底壳模具设计范例

12.1 范例分析

本章的手机底壳具有非常多的而且复杂的面需要填补，分型线也比较复杂，完成此范例标志着读者的模具设计水平进入到高手的行列。

图 12–1

12.2 学习要点

（1）创建补片、建立模具分型线和分型面，以及产生型芯和型腔。
（2）内卡勾通过用斜顶来成型及脱模。
（3）创建模具标准件，如定位圈。
（4）合理分布顶杆，选择顶杆的大小。
（5）创建浇注系统和冷却系统。

12.3 设计流程

（1）创建新工作文件夹，设置工作目录和新建 UG 文件。
（2）调入参考模型。

（3）设置模具坐标系统。

（4）创建工件。

（5）型腔布局。

（6）创建分型线和分型面。

（7）产生型芯和型腔。

（8）斜顶来成型及脱模。

（9）选择合适的模架。

（10）创建合理的标准件。

（11）合理创建顶杆。

（12）浇注系统合理的设置。

（13）冷却系统合理的设置。

（14）创建腔体。

12.4 设 计 演 示

12.4.1 项目初始化

（1）打开零件……bottom。

（2）创建产品装配。

初始部件：……bottom

单位：默认

项目路径：默认

项目名称：默认

材料：ABS

收缩率：1.006

（3）结果如图 12-2 所示。

12.4.2 设置模具坐标系统

单击"注塑模向导"工具条中的 按钮，弹出"模具坐标"对话框，"锁定 Z 轴"，"当前 WCS"，单击"确定"按钮完成。

图 12-2

12.4.3 创建工件

（1）单击"注塑模向导"工具条中的 按钮，弹出"工件尺寸"对话框，选择"标准长方体"复选框，选择定义式为"距离容差"，如图 12-3 所示。

（2）单击"工件尺寸"对话框中的"应用"按钮，系统运算后得到工件如图 12-4 所示。

（3）单击"工件尺寸"对话框中的"取消"按钮，完成工件的创建。

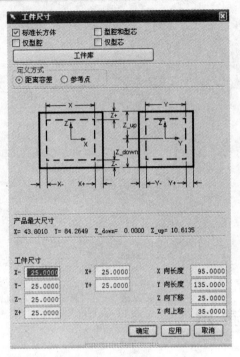

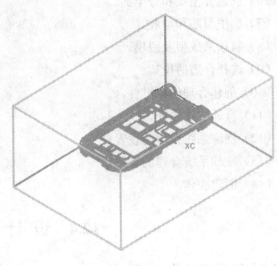

图 12-3

图 12-4

12.4.4 型腔布局

（1）单击"注塑模向导"工具条中的 按钮，弹出"型腔布局"对话框。"腔数：2"，"1ST Dist：0"，单击"开始布局"按钮，选择方向如图 12-5 所示。

（2）单击 刀槽 按钮，选择参数"R：10"，"类型：2"，单击"确定"按钮。然后单击"重定位"选项中的 自动对准中心 按钮，结果如图 12-6 所示。

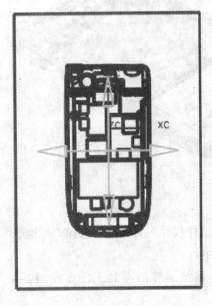

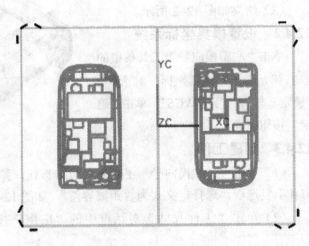

图 12-5

图 12-6

12.4.5 分型

1. 创建补片

（1）单击 模具工具 按钮，选择 ⟨图标⟩ 补孔，弹出"补片环选择"对话框，"环搜索方法：自动"，"修补方法：型腔侧面"，单击"自动修补"按钮完成 5 个孔的修补，如图 12-7 所示。

（2）单击 模具工具 按钮，选择 ⟨图标⟩ 补孔，选择线如图 12-8 所示。用同样的方法，填补另外的两个孔，最终结果如图 12-9 所示。

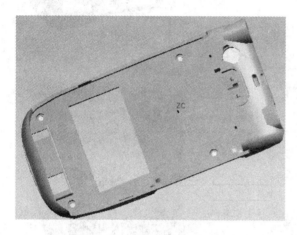

图 12-7

图 12-8

（3）单击建模模组下的 基准平面 按钮，弹出"基准平面"对话框，设置"类型：自动判断"，"偏置"中的"距离：0"，"平面数量：1"，选取平面如图 12-10 所示，单击"确定"按钮完成基准平面的创建，结果如图 12-11 所示。

图 12-9

图 12-10

图 12-11

（4）单击 模具工具 下的 ⟨图标⟩ 按钮，对天线座内孔面的拆分，按 ⟨图标⟩ 按钮选择"天线座内孔面"，单击"确定"按钮，按 ⟨图标⟩ 按钮选择创建的基准面，按"确定"按钮完成面的拆分。操作过程如图 12-12 所示。

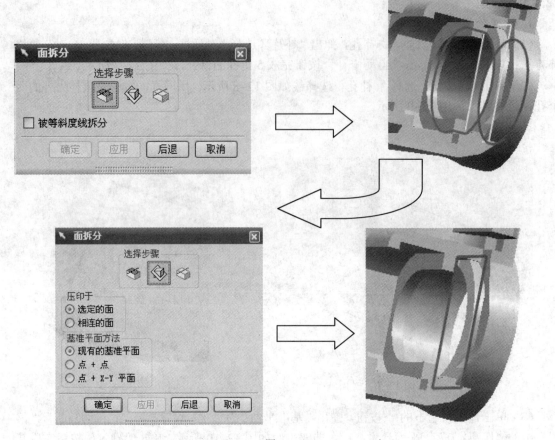

图 12-12

（5）单击 模具工具 下的 按钮，选择补片边线如图 12-13 所示。单击"确定"按钮完成，结果如图 12-14 所示。

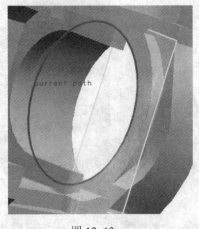

图 12-13

图 12-14

2. 创建分型线

（1）单击"分型管理器"对话框中的 按钮，弹出"分型线"对话框。

（2）单击 遍历环 按钮，弹出"开始遍历"对话框。

（3）选择分型线如图 12-15 所示，单击"确定"按钮完成。

（4）单击"分型管理器"对话框中的 按钮，弹出"分型段"对话框，单击 按钮，选择拐角点，如图 12-16 所示。

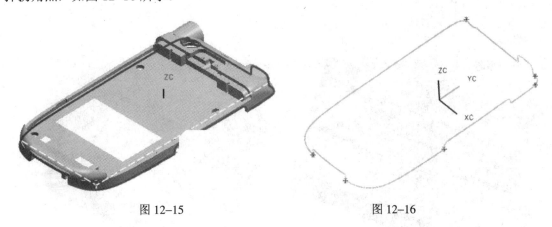

图 12-15   图 12-16

3. 创建分型面

（1）单击"分型管理器"对话框中的 按钮，弹出"创建分型面"对话框。

（2）在"创建分型面"对话框中设置"公差"为"0.01"，"距离"为"60"，然后按下 创建分型面 按钮，开始创建分型面，结果如图 12-17 所示。

4. 抽取区域和分型线

（1）单击"分型管理器"对话框中的 按钮，弹出"区域和直线"对话框。

（2）在"区域和直线"对话框中设置"抽取区域方法"为"边界区域"，然后按下"确定"按钮。

（3）弹出"抽取区域"对话框，如图 12-18 所示。显示"总面数：642"、"型腔面：193"、"型芯面：449"，"总面数＝型腔面＋型芯面"，然后单击"确定"按钮，完成抽取区域的操作。

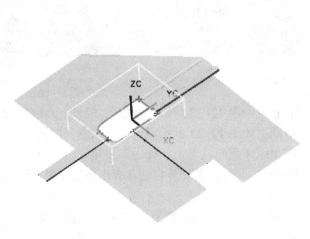

图 12-17

图 12-18

5. 创建型腔和型芯

（1）单击"分型管理器"对话框中的 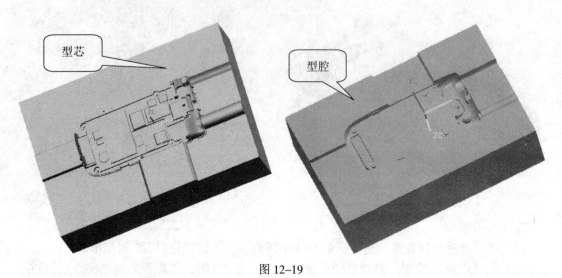 按钮，弹出"型芯和型腔"对话框。

（2）单击"自动创建型腔型芯"系统自动完成型腔和型芯的创建。

（3）在"窗口"下拉菜单下打开"型腔"与"型芯"如图 12-19 所示。

型芯

型腔

图 12-19

12.4.6　添加斜顶与滑块

（1）创建滑块。在"窗口"下打开 core 文件，在建模模组下单击 按钮，选择草图平面如图 12-20 所示。草绘图形如图 12-21 所示，单击 完成草图 按钮，完成草图。

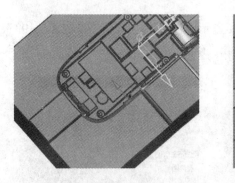

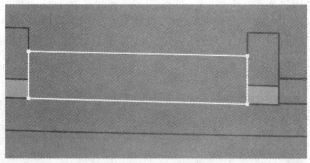

图 12-20　　　　　　　　　　　　　　　　图 12-21

（2）单击 按钮，弹出"拉伸"对话框，如图 12-22 所示。拉伸曲线选取刚才草绘的图形，"终点"选取"直至选定对象"，选取曲面如图 12-23 所示，单击"确定"按钮。

（3）系统弹出"消息"信息框，如图 12-24 所示，单击"确定"按钮。将"拉伸"对话框中的"终点"改为"值"，如图 12-25 所示，此时，系统会自动计算出到选定平面的距离，单击"确定"按钮完成拉伸。

（4）单击 按钮，弹出"求差"对话框，如图 12-26 所示。"目标"选择"型芯"，"刀具"选择"拉伸体"，结果如图 12-27 所示。

图 12-22

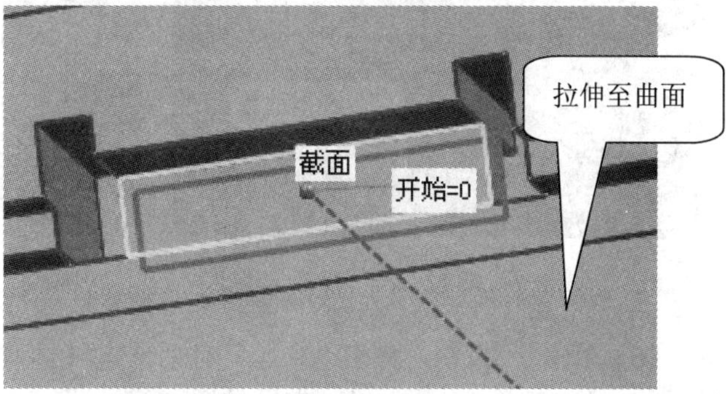

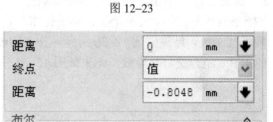

图 12-23

拉伸至曲面

截面

开始=0

图 12-24

图 12-25

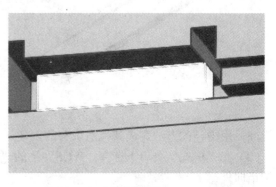

图 12-26

图 12-27

（5）单击"拉伸"按钮，选取拉伸的体侧面，向型芯侧面拉伸，"方向：指定矢量 X 轴"如图 12-28 所示。单击"确定"按钮完成拉伸，结果如图 12-29 所示。

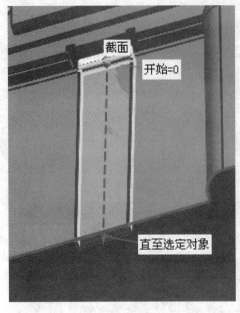

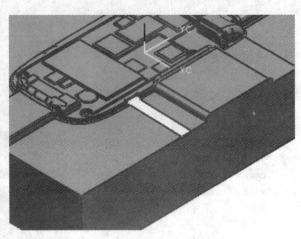

图 12-28   图 12-29

（6）单击 按钮，弹出"求差"对话框。"目标"选择型芯，"刀具"选择刚才的拉伸体，"设置：保留工具"，单击"确定"按钮完成。

（7）进行求和运算。将两个拉伸体进行求和，完成滑块头的创建。选中型芯，按"Ctrl+B"组合键将其隐藏，结果如图 12-30 所示。按"Ctrl+Shift+U"组合键显示全部。选中滑块头，按"Ctrl+B"组合键将其隐藏，结果如图 12-31 所示。

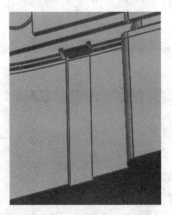

图 12-30   图 12-31

（8）用同样的方法完成其他滑块头的创建，结果如图 12-32 所示。

（9）在"格式"菜单下选择"WCS"下的"动态"选项。选择坐标原点 Z 轴指向型腔，Y 轴指向外侧。

（10）单击 滑块和浮升销 按钮，弹出对话框如图 12-33 所示，单击"尺寸"按钮，修改参数如图 12-34 所示。单击"确定"按钮，系统生成斜顶，如图 12-35 所示。

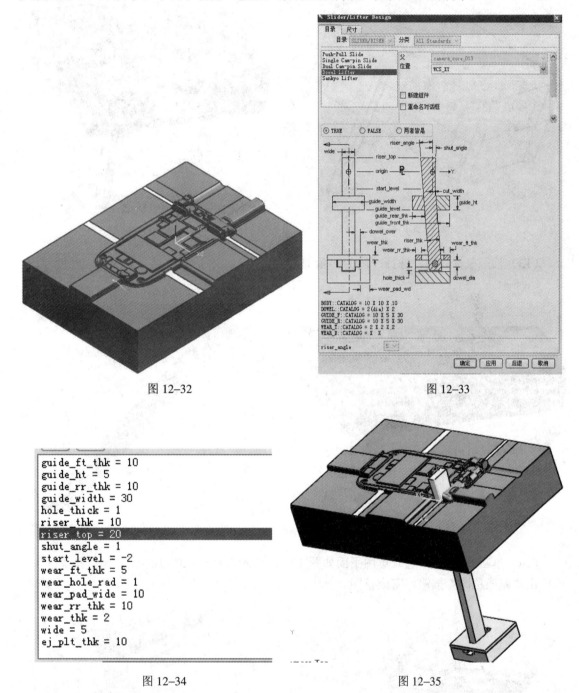

图 12-32

图 12-33

图 12-34

图 12-35

（11）单击 模具修剪 按钮，弹出信息框，单击"是"按钮。弹出"模具修剪管理"对话框，在"修剪过程"中选择"片体修剪"，选择要修剪的斜顶，如图 12-36，结果如图 12-37 所示。单击"确定"按钮，完成修剪。

（12）单击 按钮，弹出"腔体管理"对话框，"目标体"选择"型芯"，"工具体"选择"斜顶"，按"确定"按钮完成。

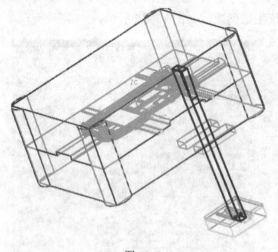

图 12-36

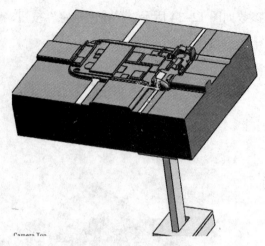

图 12-37

（13）长压鼠标右键，选择"转为显示部件"如图 12-38 所示，结果如图 12-39 所示。

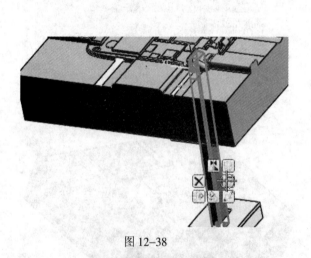

图 12-38

图 12-39

（14）单击"草图"，选取草图平面如图 12-40 所示，草绘如图 12-41 所示，按"Q"键或单击"完成草图"按钮，完成草图。

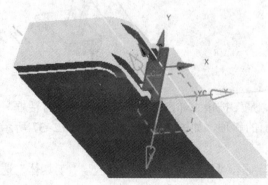

图 12-40

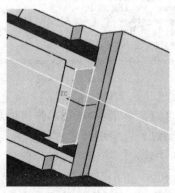

图 12-41

（15）单击"拉伸"按钮，拉伸曲线选取草绘的曲线，拉伸一个实体如图12-42所示。单击"确定"按钮完成拉伸。

（16）再单击"拉伸"按钮，拉伸曲线选取刚才拉伸的实体的侧面的边，"方向"为 YC 方向，如图12-43，操作如图12-44所示。

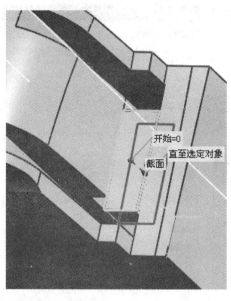

图 12-42

图 12-43

（17）求差运算。单击"目标"按钮选择"斜顶"，"刀具"选择"两个拉伸的体"，"设置：不保持目标；不保持工具"，结果如图12-45所示。

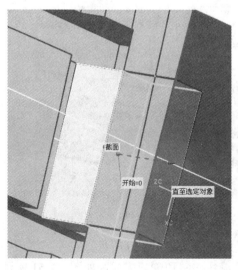

图 12-44

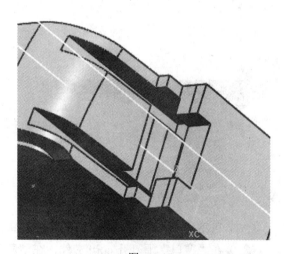

图 12-45

（18）使用同样的方法完成另一个斜顶的创建。但斜顶的放置位置需要注意，当如图12-45所示时，显然斜顶的放置太靠里面，使得斜顶的形状复杂不易加工，因此要将其向外平移。

（19）斜顶的重定位操作。将斜顶向 Y 轴方向移动3 mm。单击 滑块和浮升销 按钮，弹出

"Slider/Lifter Design" 对话框。选择要移动的斜顶，此时对话框中显示为修改，如图 12–46 所示。单击 按钮，弹出"重定位组件"对话框，如图 12–47 所示，单击 按钮，弹出"变换"对话框，输入"Dy"为"3"，如图 12–48 所示。单击"确定"按钮。移动后，结果如图 12–49 所示。

图 12–46

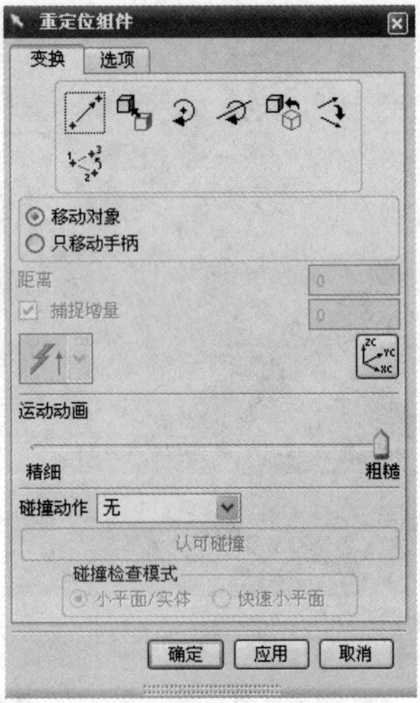

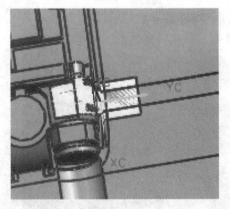

图 12–47

图 12–48

图 12–49

（20）以下的操作与上一个滑块的创建相同。最终结果如图 12–50 所示。

（21）在"窗口"下打开 core 文件，在型芯上的滑块、斜顶创建完成，如图 12–51 所示。

（22）在"窗口"打开 cavity 文件，单击"草图"按钮，选择型腔侧面作为草图平面，如图 12–52 所示。草绘图形如图 12–53 所示。

（23）单击"拉伸"按钮，选择草绘的图形作为拉伸曲线，如图 12–54 所示。单击"确定"按钮完成拉伸，结果如图 12–55 所示。

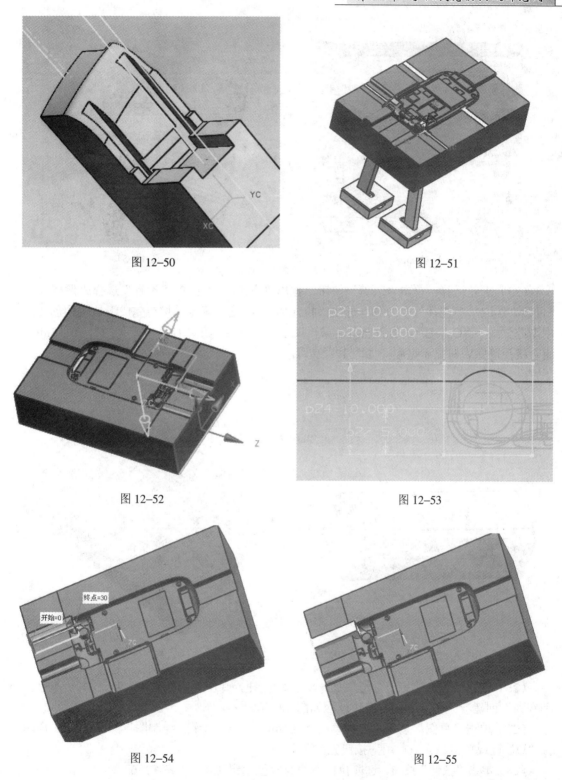

图 12-50

图 12-51

图 12-52

图 12-53

图 12-54

图 12-55

（24）在"插入"下拉菜单下，单击"修剪"中的"修剪体"按钮，弹出"修剪体"对话框，如图 12-56 所示。"目标"选择"刚才拉伸的实体"，"刀具"选择"型腔上的面"。单击"确定"按钮，完成修剪，如图 12-57 所示。

图 12-56

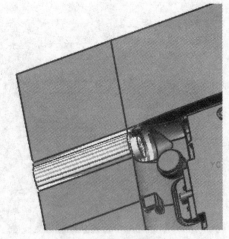

图 12-57

（25）求差运算。单击"求差"按钮，弹出"求差"对话框，"设置"选择"保持工具"，"目标"选取"型腔体"，"刀具"选取"拉伸体"。单击"确定"按钮完成滑块头的创建。选中型腔体按下"Ctrl+B"组合键将其隐藏，只显示滑块头，如图 12-58 所示。按"Ctrl+Shift+B"组合键反隐藏，只显示型腔，如图 12-59 所示。

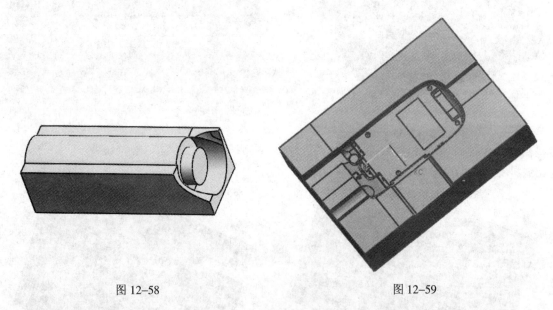

图 12-58

图 12-59

（26）创建型腔上的另一个滑块头。单击 按钮，弹出"基准平面"对话框，"类型：自动判断"创建一个基准平面，操作过程如图 12-60 所示。

（27）单击"草图"按钮，选择草图平面如图 12-61 所示。绘制图形如图 12-62 所示。按"Q"键或单击"完成草图"按钮完成草图。

（28）单击"拉伸"按钮，选取拉伸曲线及直至选定对象，如图 12-63 所示。单击"确定"按钮完成拉伸。

（29）单击"插入"下拉菜单下"修剪"中的"修剪体"按钮，"目标"选取拉伸体，"刀具"选取型腔面，单击"确定"按钮完成修剪，结果如图 12-64 所示。

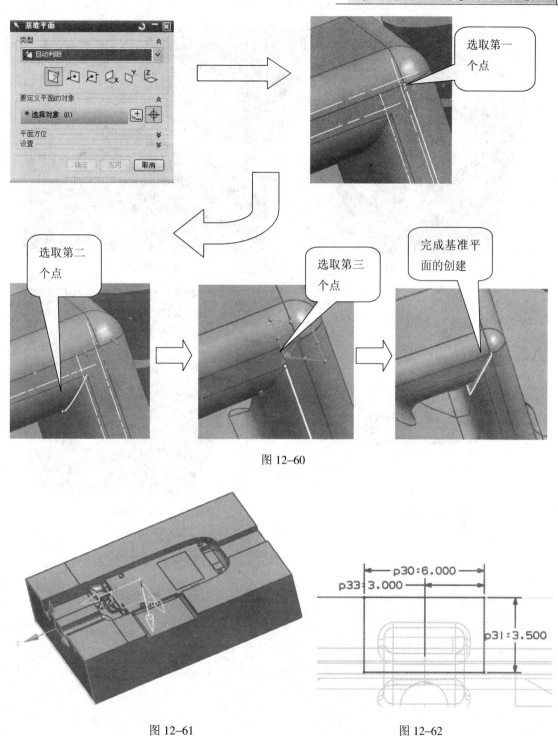

图 12-60

图 12-61   图 12-62

（30）选中型腔体按下"Ctrl+B"组合键将其隐藏，只显示滑块头，如图 12-65 所示。按"Ctrl+Shift+B"组合键反隐藏，只显示型腔，如图 12-66 所示。

（31）完成型腔上的滑块头的创建，单击"全部保存"按钮，完成手机底壳模具的模仁设计。

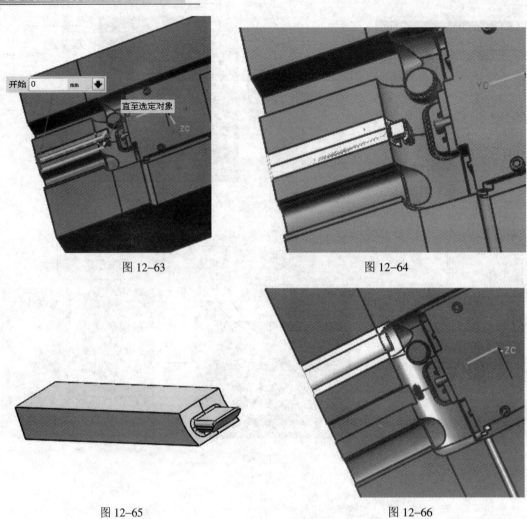

图 12-63

图 12-64

图 12-65

图 12-66

第13章

仪表前壳模具设计

13.1 范 例 分 析

本范例设计的仪表前壳模具，分型面补孔过程较为复杂，如图 13-1 所示。

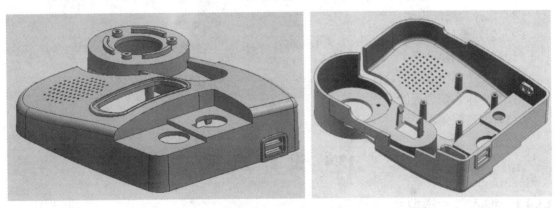

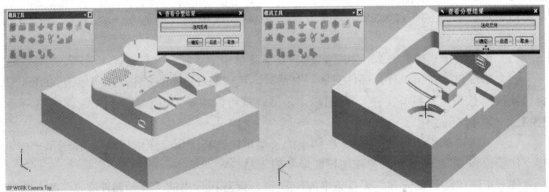

图 13-1

13.2 学 习 要 点

（1）通过 Moldwizard 模块调入参考模型、创建工件及型腔布局。

（2）创建模具分型线和分型面，以及产生型芯和型腔。

（3）通过 Moldwizard 模块调入 HASCO_E 模架功能。

（4）创建模具标准件，如定位圈。

（5）合理分布顶杆，选择顶杆的大小。

（6）创建浇注系统和冷却系统。

13.3　设　计　流　程

（1）创建新工作文件夹，设置工作目录和新建 UG 文件。

（2）调入参考模型。

（3）设置模具坐标系统。

（4）创建工件。

（5）型腔布局。

（6）创建分型线和分型面。

（7）产生型芯和型腔。

（8）选择合适的模架。

（9）创建合理的标准件。

（10）合理创建顶杆。

（11）浇注系统合理的设置。

（12）冷却系统合理的设置。

（13）创建腔体。

13.4　设　计　演　示

13.4.1　调入参考模型

（1）双击桌面的 UG NX5.0 快捷方式图标，或单击"开始"→"程序"→"UG NX5.0"→"NX5.0"。

（2）单击菜单栏中的 文件(F) 按钮，选择其子菜单中的"打开"按钮。

（3）系统自动弹出"打开部件文件"对话框，选中 bottom.prt 文件，接着单击"OK"按钮（或按 按钮可以打开文件），通过以上步骤，就可以将参考模型调入到 UG 软件中。

13.4.2　项目初始化

（1）单击菜单栏的 开始 按钮，在弹出的子菜单中选择"所有应用模块"，在子菜单中选择"注塑模向导"，系统弹出"注塑模向导"的工具栏。

（2）单击"注塑模向导"工具条中的 按钮，接着在弹出的"打开部件文件"对话框中选择 bottom.prt 文件，单击"OK"按钮。

（3）在弹出的"项目初始化"对话框中，选择部件材料为"ABS"，此时系统会自动选择"收缩率"为"1.0060"，按下"确定"按钮完成部件的项目初始化，如图 13-2 所示。

13.4.3　设置模具坐标系

单击"注塑模向导"工具条中的 按钮，弹出"模具坐标"对话框，"锁定 Z 轴"，"当前 WCS"，单击"确定"按钮完成。

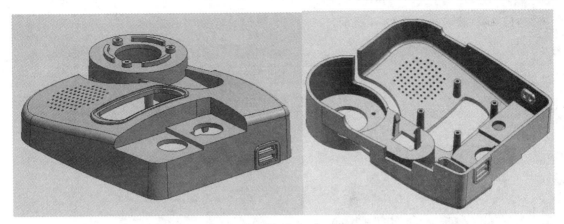

图 13-2

13.4.4　创建工件型腔布局

（1）单击"注塑模向导"工具条中的 按钮，弹出"型腔布局"对话框。

（2）"型腔布局"对话框的设置，"布局"选项中选择"矩形"和"平衡"复选框，"型腔数"设置为"2"，"1ST Dist"选项设置为"0"。

（3）单击 开始布局 按钮，然后在绘图区域没有模型处单击鼠标右键，在弹出的快捷菜单中选择"定向视图"→"俯视图"，或按下"Ctrl+Alt+T"组合键，使视角为俯视。

（4）用鼠标选择左方的箭头。

（5）在系统运算后，单击"重定位"选项中的 自动对准中心 按钮。

（6）单击 刀 按钮，设置"R：10"，"类型"为"2"。完成以后单击"型腔布局"对话框的"取消"按钮，完成型腔布局。

13.4.5　补面

（1）单击"分型"图标。

（2）单击"补面"按钮。

（3）单击"自动补面"按钮。

（4）单击"后退"按钮退出分型。

（5）在模型的侧边开口部分的内侧补面。

（6）共有 89 个单一面自动缝补。

13.4.6　分型——裁剪区域修补 1

（1）生成包容框，使用替换面，裁剪区域补丁方式。

（2）单击 图标。

（3）选择如图 13-3 所示的 2 个面，会显示一个临时的虚线框。

（4）单击"OK"按钮，生成包容框。

（5）单击 图标。

（6）分别将 4 个侧面及底面替换成模型上的对应面。

（7）单击 图标。

（8）选择包容框。

（9）确认去除按颜色搜索前的复选框的勾选。

（10）选择一个边界边。

（11）确认裁剪面如图 13-4 所示。

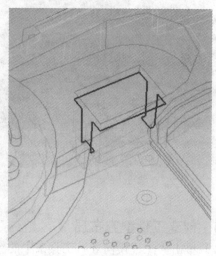

图 13-3　　　　　　　　　　　　　　　　图 13-4

（12）单击"OK"按钮。

（13）生成如图 13-5 所示的区域补丁面。

13.4.7　分型——裁剪区域修补 2

（1）生成包容框，使用替换面，裁剪区域补丁方式。

（2）单击 图标。

（3）选择如图 13-6 所示的两个面，会显示一个临时的虚线框。

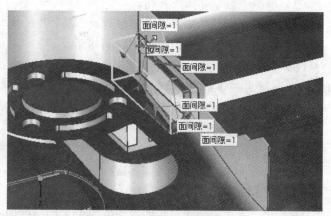

图 13-5　　　　　　　　　　　　　　　　图 13-6

（4）单击"OK"按钮，生成包容框。

（5）单击 图标。

（6）将 1 个侧面替换成模型的内侧面，顶面替换成内侧面，如图 13-7 所示。

图 13-7

（7）使用"Information"→"Object"→"Type"→"face"选择内侧圆弧面，测得面半径 2.012。

（8）使用边缘倒圆特征操作，半径=2.012，如图 13-8 所示。

（9）单击"裁剪区域补丁"图标。

（10）选择包容框。

（11）确认按颜色搜索选项打开。

（12）选择边界边。

（13）确认裁剪面如图 13-9 所示。

（14）单击"OK"按钮。

（15）生成区域补丁面。

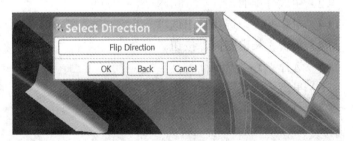

图 13-8   图 13-9

13.4.8 分型——边缘修补

（1）通过边界修补生成补丁面。

（2）生成如图 13-10 所示的 3 个补丁面。

13.4.9 分型——创建分型线

（1）单击"分型"图标。

（2）单击"分型线"按钮。

（3）选择"遍历环"按钮。

（4）确认通过颜色遍历选项打开。

（5）确认结束边选项打开。

图 13-10

（6）选择第 1 条边，如图 13-11 所示。

（7）选择第 2 条边。

（8）选择闭合边。

（9）增加如图 13-12 所示的转换点。

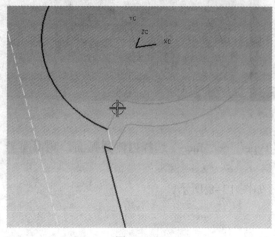

图 13-11   图 13-12

（10）回到作点对话框。

（11）单击"确定"按钮，退出"分型线"对话框。

（12）生成带有 2 个转换点的闭合的分型线。

13.4.10   建立分型面

（1）从分型对话框中点击分型面按钮。

（2）生成分型面。

（3）对高亮段，选择长出选项。

（4）单击"长出方向"按钮。

（5）选择"Y+"方向。

（6）单击"确定"按钮，生成此段分型面。

（7）下一段分型线高亮。

（8）选择边界平面。

（9）单击第一方向。

（10）选择"Y+"方向。

（11）扩大 U、V 边，使平面足够大。

（12）单击"确定"按钮，生成分型面。

（13）出现"裁剪边"对话框，确认裁剪边正确。

（14）单击"确定"按钮。

（15）生成如图 13-13 所示的分型面。

13.4.11   抽取区域

（1）单击"抽取面域"图标。

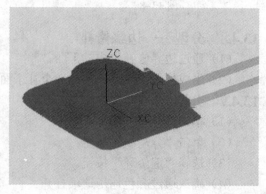

图 13-13

（2）检查抽取的区域面。

（3）单击"应用"按钮。

（4）如果区域面未生成，在 MPV 中定义的区域可能会有问题，需要再次在 MPV 中定义区域，如图 13–14 所示。

（5）单击"取消"按钮，退出对话框。

（6）单击"分型"图标。

（7）单击"分型管理"按钮。

（8）在分型管理器里打开或关闭某些分型特征。

（9）生成分型区域面。确认：总面数 314=型腔面 115+型芯面 199。

13.4.12 生成型芯与型腔

（1）在分型对话框里，单击"生成型芯"按钮。

（2）单击"生成型腔"按钮。

（3）单击"取消"按钮，如图 13–15 所示。

（4）保存文件。

（5）单击"文件"菜单下的"全部保存"，完成模仁设计，如图 13–16 所示。

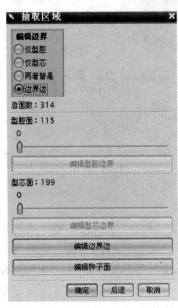

图 13–14

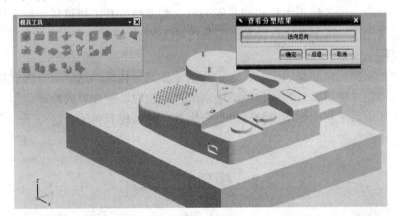

图 13–15

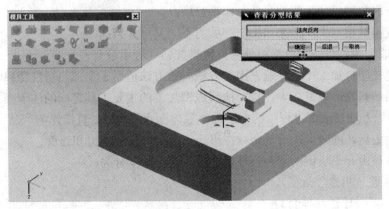

图 13–16

附录 1

1 注塑模具基本知识

模具的形状决定着产品的外形，模具的加工质量与精度也就决定着产品的质量。因为各种产品的材质、外观、规格及用途的不同，模具分为了铸造模具、锻造模具、压铸模具、冲压模具等非塑胶模具，以及塑胶模具。

随着塑料工业的飞速发展和通用与工程塑料在强度和精度等方面的不断提高，塑料制品的应用范围也在不断扩大，塑料制品所占的比例正迅猛增加。一个设计合理的塑料件往往能代替多个传统金属件。工业产品和日用产品塑料化的趋势不断上升。

1.1 模具的定义

在工业生产中，用各种压力机和装在压力机上的专用工具，通过压力把金属或非金属材料制出所需形状的零件或制品，这种专用工具统称为模具。

1.2 注塑过程说明

模具是一种生产塑料制品的工具。它由几组零件部分构成，这个组合内有成型模腔。注塑时，模具装夹在注塑机上，熔融塑料被注入成型模腔内，并在腔内冷却定型，然后上下模具分开，经由顶出系统将制品从模腔顶出离开模具，最后模具再闭合进行下一次注塑，整个注塑过程是循环进行的。

2 模具的分类

2.1 模具的一般分类

模具的一般分类可分为塑胶模具及非塑胶模具。

（1）塑胶模具根据生产工艺和生产产品的不同又可分为：

① 注射成型模具——如电视机外壳、键盘按钮（应用最普遍）

注塑成型是塑料加工中最普遍采用的方法。该方法适用于全部热塑性塑料和部分热固性塑料，制得的塑料制品数量之大，作为注塑成型加工的主要工具之一的注塑模具，在质量精度、制造周期以及注塑成型过程中的生产效率等方面水平高低，直接影响产品的质量、产量、成本及产品的更新，同时也决定着企业在市场竞争中的反应能力和速度。

注塑模具是由若干块钢板配合各种零件组成的，基本分为：

a. 成型装置（凹模，凸模）。

b. 定位装置（导柱，导套）。

c. 固定装置（工字板，码模坑）。

d. 冷却系统（运水孔）。

e. 恒温系统（加热管，发热线）。

f. 流道系统（唧嘴孔，流道槽，流道孔）。

g. 顶出系统（顶针，顶棍）。

② 中空吹塑模具——如饮料瓶

③ 压缩成型模具——如电木开关、科学瓷碗碟

④ 转移成型模具——如集成电路制品

⑤ 挤压成型模具——如胶水管、塑胶袋

⑥ 热成型模具——如透明包装外壳

⑦ 旋转成型模具——如软胶玩具

（2）非塑胶模具有：铸造模具、锻造模具、冲压模具、压铸模具等。

① 铸造模具——如机床底座、生铁平台

② 锻造模具——如汽车身

③ 冲压模具——如不锈钢餐具

④ 压铸模具——如汽缸体

2.2 模具的其他分类

根据浇注系统型制的不同可将模具分为三类。

（1）大水口模具：流道及浇口在分模线上，与产品在开模时一起脱模，设计最简单，容易加工，成本较低，所以较多人采用大水口系统作业。

（2）细水口模具：流道及浇口不在分模线上，一般直接在产品上，所以要设计多一组水口分模线，设计较为复杂，加工较困难，一般要视产品要求而选用细水口系统。

（3）热流道模具：此类模具结构与细水口大体相同，其最大区别是流道处于一个或多个有恒温的热流道板及热唧嘴里，无冷料脱模，流道及浇口直接在产品上，所以流道不需要脱模，此系统又称为无水口系统，可节省原材料，适用于原材料较贵、制品要求较高的情况，设计及加工困难，模具成本较高。

热流道系统，又称热浇道系统，主要由热浇口套、热浇道板、温控电箱构成。常见的热流道系统有单点热浇口和多点热浇口两种形式。单点热浇口是用单一热浇口套直接把熔融塑料射入型腔，它适用单一腔单一浇口的塑料模具；多点热浇口是通过热浇道板把熔融料分支到各分热浇口套中再进入到型腔，它适用于单腔多点入料或多腔模具。

3 注塑模具设计原则

注塑模具的设计原则一般包括如下。

3.1 单向流动

单方向的流动设计原则是保证在填充过程中塑料应该在一个方向上流动并且保持一个直的流动前沿。这导致单方向定位的产生。

3.2 流动平衡

平衡的流动：所有的流动路径应该是平衡的，那就是在相同时间以相同压力进行充填。

3.3 恒定压力梯度

压力梯度：最有效率的填充方式是压力梯度（压力降低对单位长度）沿着流动路径是固

定的时候。

3.4 最大剪切应力

剪切应力：在填充的时候应该是小于材料临界的最大剪切应力数值依赖于材料和应用。

3.5 熔接痕/融合痕放置

熔接/融合位置：在最不敏感的部位放置熔接和融合线。

3.6 避免滞留

避免滞留：尽可能避免在流体流动路径（分为厚、薄流动路径）那里设置浇口。

3.7 避免潜流

避免潜流：通过浇口的设置避免潜流保证流体在最后填充区相遇。

3.8 可控制的摩擦加热

摩擦加热：为控制的摩擦加热设计流道，增加型腔熔体温度这将在产品中获得较低的应力而不引起塑料的降解因塑料长期处于较高的温度。

3.9 流道热阀

流道热阀：利用热阀设计流道系统，保证浇口冻结时型腔刚好填充完毕和已充分保压，可避免在模具填充完毕后过保压或产生倒流。

3.10 可接受流道/型腔比

流道/型腔比：为高压力降设计流道系统，使流道材料最小获得一个低比率的流道/型腔比。

在通常的模具设计过程中应遵循基本的设计原则，保证设计模具的合理性，而这些原则对注塑 CAE 分析结果的研究提供分析依据。

4 注塑模具设计简要

设计注塑模具首先要对塑料有一定的了解，塑料的主要成分是聚合物，如常说的 ABS 塑料便是丙烯腈、丁二烯、苯乙烯 3 种单体采用乳液、本体或悬浮聚合法生产，使其具有 3 种单体的优越性能和可模塑性，在一定的温度和压力下注射到模具型腔，产生流动变形，获得型腔形状，保压冷却后顶出成塑料产品。聚合物的分子一般呈链状结构，线型分子链和支链型分子链是热塑性塑料，可反复加热冷却加工，而经过加热多个分子发生交联反应，连接成网状的体型分子结构的塑料通常是一此次性的，不能重复注射加工，也就是所说的热固性塑料。

既然是链状结构，那么塑料在加工时收缩的方向是跟聚合物的分子链在应力作用下取向性及冷却收缩有关，在流动方向上的收缩要比其垂直方向上的收缩多。产品收缩也同制品的形状、浇口、热胀冷缩、温度、保压时间及内应力等因素有关。通常提供的收缩率范围较广，在实际应用中所考虑的是产品的壁厚、结构及确定注塑时温度压力的大小和取向性。一般产品如果没有芯子支撑，收缩相应要大些。塑料注塑模具基本分为静模和动模。

在注塑机的注射头一边的带浇口套的为静模，静模一般由浇口套、靠板、模板组成，简单模具（特别是静模没有芯子的模具）也可以不使用靠板，直接用厚一点的模板就可以。浇口套一般为标准件，除非特殊原因，不建议取消。浇口套的使用有利于安装模具、更换方便，不用自己抛光。有些特殊模具浇口套可用钻出来或用锥度线割割成。部分模具在静模、脱模时，还得加上静模、脱模机构。动模的结构一般为动模板、动模靠板、脱模机构以及模脚和装机固定板。

脱模机构中除了脱料杆，还有回位杆，部分模具还要增加弹簧以实现，例如，自动脱模等功能。还有导柱、冷却水孔、流道等也是不可少的模具的基本结构。当然，斜导模具还有斜导盒、斜导柱等。当为某一产品设计模具时，首先要设定模具的基本结构尺寸以备料，来加快模具制造的速度。复杂产品应先绘制好产品图，再定好模具的尺寸。现在的模具基本上要进行热处理，加高模具的硬度，提高模具使用寿命。在热处理前，先对模板进行初步加工：钻好导柱孔、回位孔（动模）、型腔孔、螺丝孔、浇口套孔（静模）、拉料孔（动模）、冷却水孔等，铣好流道、型腔，有些模具还应铣好斜导盒等。现在的普通精密模具的模板一般用 Cr12、Cr12Mov 和一些专业模具钢，Cr12 等硬度不能太高，在硬度为 HRC60 时经常开裂，模板的常用硬度一般为 HRC55 左右。芯子的硬度可在 HRC58 以上。如果材料为 3Cr2W8v，制造后再氮化处理表面硬度，硬度应为 HRC58 以上，氮化层应越厚越好。浇口直接关系到塑件的美观，浇口设计不好的话，容易产生缺陷。在没有任何阻挡的情况下很容易产生蛇型流。对于要求高的产品，还应设计溢流和排气。溢流处可以用顶杆，不要在模板上留有溢流飞边，才不至于影响模具寿命。

5　流道系统的设计

流道系统是将熔融的塑料从注塑机溶胶引到工模的每一个内模。因此流道系统的结构，长短大小及接驳方式都会影响注塑填充的效果，从而直接影响制品的品质。此外，设计流道系统更要从经济效益着眼，达到快速冷却及缩短注塑周期。

5.1　浇道

浇道是指连接注塑机喷嘴与分流道的塑料通道。它是流道系统的第一个组成部分。

5.2　流道

流道是连接主流道与内模的浇口的塑料通道，使熔融能流入内模。在再两板模的情况下，流道的设置是再分模在线的。

5.3　有效的流道设计

设计流道时要注意其断面形状及大小。流道的切面形状一般有 4 种：全圆形、梯形、改良梯形及六角形。

从注塑压力传递方面考虑，流道的截面面积越大越好；而从热传导的观点考虑，切面表面积越小越好。因此切面面积与表面积比数越大，流道越有效，圆形及方形切面流道设计的 R 值为最大。因圆形切较方形切冷却快，所以圆形切面设计最好。

流道表面必须平滑，防止塑料流动时产生的任何阻碍。同时，因流道会和制品同时脱模，因此流道表面不应有任何机械加工的痕迹，使流道有黏模的现象。

5.4　流道直径与长度关系

流道的直径与长度要根据产品的塑料种类、形状、产品的壁厚，以及选择的模具结构来确定的。流程越长，直径越大。同时考虑流道要尽量细，尽量短。每种塑料都有一个最小直径要求，直径过小时塑料不能及时流到模腔。流道直径一般比成品平均壁厚要厚。避免流道塑料比成品先凝固而不能保证。

通常流道直径的选择是依据制模标准刀具而定的,以公制刀具而言,一般最小直径 2 mm,直径每增加 1 mm,则长度应增加为 12 mm 左右。

多模腔模具设计必须是平衡入水,当同一套模出两件或以上成品,而其中有部分成品胶位较薄时,相对水口直径要加大。一般厚胶位的成品,流动较好,压力正常。薄胶位的成品,流动较差,压力会变大。如果想同时注满成品可能较厚胶位的成品会走飞边,为了避免这些问题发生,薄胶位的成品流道要加粗,补偿压力损失。

5.5 浇口

(1)浇口设计有以下基本原则:

① 避免将浇口设在高压力的区域。

② 避免或尽可能减少熔接线。

③ 对纤维增强材料,浇口位置对平面度有很大影响。

④ 开足够的排气来避免气泡的产生。

(2)决定浇口位置时,应遵守下列原则。

① 注入模穴各部分的胶料应尽量平均。

② 注入工模的胶料,在注料过程的各阶段,都应保持统一而稳定的流动前线。

③ 应考虑可能出现焊痕、气泡、凹穴、虚位、射胶不足及喷胶等情况。

④ 应尽量使清除水口操作容易进行,最好是自动操作。

⑤ 浇口位置应满足各方面要求。

(3)不同的浇注系统,浇口类型和浇口位置会对成型工艺和外观产生很大的影响。包括:

① 填充过程。

② 成品尺寸(公差)。

③ 缩水率,翘曲。

④ 机械性能等级。

⑤ 表面质量。

如果想要通过调整成型参数来改善由浇口设计不合理而导致的不良结果,则非常困难,成型参数可调整的范围非常小。

在注塑成型中,聚合物长分子和增强纤维的方向主要由填充方向决定,这样就产生了各向异性。例如,在流动方向的材料强度就高于垂直流动方向的强度,这在纤维增强材料中表现得更为明显。

同时,纤维的方向性也引起了流动方向和垂直流动方向的缩水率不同,从而会导致翘曲。

两股或两股以上的熔融流体就会形成汇交线,通常在模具中有型芯阻挡时或有多个浇口时,就会产生汇交线。另外,同一产品中由于壁厚不同造成熔流波前差异也会产生类似的汇交线。

当模腔中的气体来不及排出而被溶流包住,就会在产品中产生气泡。

汇交线和气泡不仅影响产品的外观,而且大大降低长品的机械强度,特别是抗冲击强度。

浇口往往会因为有痕迹而对外观有一定的影响,而且在浇口区域,由于存在较高的剪切应力而大大降低了此区域的强度。

在熔接线处强度方面,非增强材料比增强型材料要好一些,增强型材料在熔接线处的强度还与其强度纤维的类型和含量有关。同时，一些添加剂（如阻燃剂）也会对强度造成不良影响。

熔接线区域能承受较高的拉伸应力，而抗冲击性能和耐劳性能都比较差。

有些比较复杂的模具没办法避免熔接线问题，这时就应该将熔接线放在对产品外观和强度要求较低的地方，这可以通过移动浇口的位置和改变产品局部的壁厚来实现。

6　我国模具工业的现在及未来

模具是以特定的结构形式通过一定的方式使材料成型为制品的工具产品，是工业生产基础工艺装备，以其生产制件所表现的高精度、高复杂程度、高一致性、高生产效率和低耗能耗材，越来越引起各级政府和国民经济各产业的重视，特别是轻工、电子、机械、通信、交通、汽车、军工等领域，如果没有模具就很难生产和发展产品；如果不能及时供应模具，就会影响生产的发展；如果模具精度低则产品质量差；如果模具寿命短则生产效率低、成本高。欧美工业发达国家将模具比喻为"点铁成金"的"磁力工业"、"金钥匙"、"金属加工帝皇"、"进入富裕社会的原动力"。在我国把模具称为"工业之母"、"永不衰亡的工业"、和"无以伦比的效益放大器"。

改革开放以来，原来基础薄弱的工业连续 20 多年持续快速发展，特别是一批对模具需求量大的行业，如家用电器、电子通信、信息产业、塑料和包装制品业、建筑材料、玩具和五金制品等，被培育成为全国工业经济中的重要行业，迫切要求模具制造业加快发展步伐，生产出更多、更好的模具去满足工业发展需要，同时也实实在在地给模具制造业加快发展提供了良好的商机和广阔的空间。作为我国工业生产重要基础工艺装备的模具工业，也正是在这种良好的条件和广阔的空间中，在努力适应全国工业发展的需求中，得到了迅速的发展和提高，全行业的经济规模和经济综合实力逐年扩大，模具制造品种逐步齐全、模具企业的技术装备水平和模具品质不断提高，适应市场需求和出口创汇的能力逐步增强。

20 世纪 90 年代以后，我国的工业发展十分迅速，模具工业的总产值在 1990 年仅 60 亿元人民币，1994 年增长到 130 亿元人民币，1999 年已达到 245 亿元人民币，2000 年增至 260 亿~270 亿元人民币。今后预计每年仍会以 10%~15% 的速度快速增长。

目前，我国有 17 000 多个模具生产厂点，从业人数 50 多万。

在模具工业的总产值中，企业自产自用的约占 2/3，作为商品销售的约占 1/3。其中，冲压模具约占 50%，塑料模具约占 33%，压铸模具约占 6%，其他各类模具约占 11%。

6.1　我国模具技术进步的内容

近年来我国模具工业的技术水准也取得了长期的进步。目前，国内已能生产精度达 0.002 mm 的精密多任务位级进模，工位数最多已达 160 个，寿命 1 亿~2 亿次。在大型塑料模具方面，已能生产 48 in 电视的塑壳模具、6.5 kg 大容量洗衣机的塑料模具，以及汽车保险杠、整体仪表板等模具。在精密塑料模具方面，已能生产照相机塑料模具、多型腔小模数轮模具及塑封模具等。在大型精密复杂压铸模方面，已能生产自动扶梯整体踏板压铸模，以及汽车后桥齿轮箱压铸模。在汽车模具方面，能制造新轿车的部分覆盖件模具。其他类型的模具，如子午线轮胎活络模具、铝合金和塑料门窗异型材挤出模等，也都达到较高的水平，并可替代进口模具。

在我国，人们已经越来越认识到模具在制造中的重要基础地位，体会到模具技术水准的高低成为衡量一个国家制造业水平高低的重要标志，并在很大程度上决定着产品质量、产品效益和新产品的开发能力。因此，许多模具企业开始重视技术发展，加大用于技术进步的投资力度，将技术进步视为企业发展的重要动力。此外，许多研究机构和大专院校开展模具技术的研究和开发工作。目前，从事模具技术研究的机构和院校已达 30 余家，从事模具技术教育的培训院校已超过 50 余所。其中，获得国家重点资助建设的有华中理工大学模具技术国家重点实验室、上海交通大学 CAD 国家工程研究中心、北京机电研究所精冲技术国家工程研究中心和郑州工业大学橡塑模具国家工程研究中心等。经过多年的努力，在模具 CAD/CAE/CAM 技术、模具的放电加工和数控加工技术、快速成型与快速制模技术、新型模具材料等方面取得了显著进步，并在提高模具质量和缩短模具设计制造周期等方面也做出了贡献。

1. 冲模技术

以汽车覆盖件模具为代表的大型冲压模具的制造技术已取得很大进步。东风汽车公司模具厂、一汽模具中心等模具厂家，已能生产部分轿车覆盖件模具。设计制造方法和技术手段方面不断改善，在轿车模具国产化方面迈出了可喜的步伐。

多任务位级进模和多功能模具是我国重点发展的精密模具品种。目前，可制造具有自动冲切、叠压、铆合、计数、分组、转子铁心扭斜和安全保护等功能的铁心精密自动叠片多模具。生产的电机定转子双回转叠片硬质合金级进模的步距精度可达 20 gm，寿命达到 1 亿次以上。其他的多任务位级进模，例如，用于集成电路引线框架的 20～30 工位的级进模、用于电子枪零件的硬质合金级进模及空调器散热片的级进模，也达到较高的水平。

2. 塑料模具技术

近年来，塑料模具发展很快，在国内模具工业产值中塑料模具所占比例不断扩大。电视机、空调、洗衣机等家用电器所需的塑料模具，基本上可立足于国内生产。重量达 10～20 吨的汽车保险杠和整体仪表板等塑料模具和多达 600 腔的塑封模具已可自行生产。在精度方面，塑料尺寸精度可达 IT6-7 级，型面的粗糙度达到 0.05，塑料模具使用寿命达 100 万次以上。

在塑料模具的设计制造中，CAD/CAM 技术得到较快普及，CAE 软件已经在部分厂家应用。热流道技术得到广泛应用，气辅注射技术和高效多色注射技术也开始成功应用。

3. CAD/CAE/CAM 技术

目前，国内模具企业中已有相当多的厂家普及了计算机绘图，并陆续引进高档 CAD/CAE/CAM，如 UG、Pro/E、I-DEAS、Euclid-IS 等著名软件，这在我国模具工业应用已相当广泛。一些厂家还引进了 Moldflow、C-Flow、DYN_AFORM、Optris 及 MAGMASOFT 等 CAE 软件，并成功应用于塑料模、冲压模和压铸模的设计中。

近年来，我国自主开发 CAD/CAE/CAM 系统有很大发展。例如，华中理工大学模具技术国家重点实验室开发的注塑模、汽车覆盖件模具和级进模 CAD/CAE/CAM 软件，上海交通大学模具 CAD 国家工程研究中心开发的冷冲模和精冲研究中心开发的冷冲模和精冲模 CAD 软件，北京机电研究所开发的锻模 CAD/CAE/CAM 软件，北航华正软件工程研究开发的 CAXA 软件，吉林汽车覆盖件成型技术所独立研制的商品化覆盖件冲压成型分析 KMAS 软件等，在我国模具产业中也拥有不少的用户。

4. 快速成型/快速制模技术

在我国快速成型/快速制模技术已得到重视和发展，许多研究机构致力这方面的研究开发，并不断取得新成果。清华大学、华中理工大学、西安交通大学和隆源自动成型系统公司等单位都自主研究开发了快速成型技术与设备，生产出分层物体（LOM）、立体光固化（SLA）、熔融沉积（FDM）和选择性烧结（SLS）等类型的快速成型设备。这些设备已在国内应用于新产品开发、精密铸造和快速制模等方面。

快速制模技术也在国内多家单位开展研究，目前研究较多的有电弧喷涂成型模具技术和等离子喷涂制模技术。中、低熔点合金模和树脂冲压模制造技术已获得成功应用，硅橡胶模也应用于新产品的开发中。

5. 其他相关技术

近年来，国内一些钢铁企业相继引进和装备了一些先进的工艺设备，使模具钢的品种、规格和质量有较大的改善。在模具制造中已较广泛地采用新的钢材，如冷作模具钢 D2、D3、A1、A2、LD、65Nb 等；热作模具钢 H10、H13、H21、4Cr5MoVSi、45Cr2NiMoVSi 等；塑料模具钢 P20、3Cr2Mo、PMS、SMI、SMII 等。这些模具材料的应用在提高质量和使用寿命方面取得了较好的效果。

此外，国内的一些单位对多种模具抛光方法开展研究，并开发出专用抛光工具和机械。花纹蚀刻技术和工艺水平提高较快，并在模具饰纹的制作中广泛应用。

高速铣削加工也是近年来发展很快的模具加工技术。国内已有一些公司引进了高速铣床，并开始应用。国内机床厂陆续开发出一些准高速的铣床，并正开发高速加工机床。但是，高速铣削的应用面在国内尚不广泛。

6.2　我国模具的良好前景

随着国民经济各产业的不断发展，对模具的需求量越来越大，技术要求也越来越高。为此，我国模具业今后发展重点应该是：既能满足大量需要，又有较高技术含量，特别是目前国内尚不能自给，需大量进口的模具和能代表发展方向的大型、精密、复杂、长寿命模具；一些重要的模具标准件以及出口前景好的模具产品。主要是：

（1）大型精密塑料模具。塑料模具占我国模具总量近 60%，而且这个比例还在上升，远远超过全国不足 40% 的比例，是我国的优势之一。塑料模具中有为汽车和家电配套的大型注塑模具，为集成电路配套的塑封模，为电子信息产业和机械及包装配套的多层、多腔、多材质、多色精密注塑模，为新型建材及节水农业配套的塑料异型材挤出模及管路和喷头模具等，目前虽然已有相当技术基础并正在快速发展，但技术水平与国外仍有较大差距，总量也供不应求，每年进口超过 1 亿美元。

（2）精密冲压模具。多工位级进模和精冲模代表了冲压模具的发展方向，精度要求和寿命要求极高，主要有为电子工业、汽车、仪器仪表、电机电器等配套。这两种模具，国内已有相当基础，并已引进了国外技术设备，个别企业生产的产品已达到世界水平，但大部分企业仍有较大差距，总量也供不应求，有着巨大的发展潜力。

（3）汽车覆盖件模具。汽车覆盖件模具主要为汽车配套，也包括为农用车、工程机械和农机配套的覆盖件模具，它在冲压模具中具有很大的代表性，模具大都是大、中型，结构复杂，技术要求高。尤其是为轿车配套的覆盖件模具，要求更高，它可以代表冲压模具的水平。随着我国汽车工业的崛起，中、高档轿车覆盖件模具将是我国重点发展的模具，以适应车型开发的需要。

（4）主要模具标准件。目前我国有较大产量的模具标准件主要是模架、导向件、推杆推管等。这些产品不但国内配套需要量大，出口前景也很好。

（5）其他高技术含量的模具。大型薄壁精密压铸模具技术含量高，难度大。镁合金压铸模具目前虽然刚起步，但发展前景好，有代表性。子午线橡胶轮胎模具也是今后的发展方向，其中活络模技术难度最大。与快速成型技术相结合的一些快速制模技术及相应的快速经济模具有很好的发展前景。

——附录 2

塑料的基本概念及其常用工程塑料的用途

1 塑料的定义

塑料是一种以合成或天然的高分子化合物为主要成分，在一定的温度和压力条件下，可塑制成一定形状，当外力解除后，在常温下仍能保持其形状不变的材料。

2 塑料的组成和分类

塑料的主要成分是树脂，占塑料总量的 40%～100%。

（1）热塑性塑料：树脂为线型或支链型大分子链的结构。

聚乙烯（PE）、聚丙烯（PP）、聚苯乙烯（PS）、聚氯乙烯（PVC）、聚甲醛（POM）、聚酰胺（俗称尼龙）（PA）、聚碳酸酯（PC）、丙烯腈-丁二烯-苯乙烯共聚物（ABS）、聚甲基丙烯酸甲酯（俗称有机玻璃）（PMMA）、丙烯腈-苯乙烯共聚物（A/S）、聚对苯二甲酸乙二醇酯（PETP）。

（2）热固性塑料：酚醛树脂（PF）、环氧树脂（EP）、氨基树脂、醇酸树脂、烯丙基树脂、脲甲醛树脂（UF）、三聚氰胺树脂、不饱和聚酯（UP）、硅树脂、聚氨酯（PUR）。

（3）通用塑料：聚氯乙烯、聚苯乙烯、聚乙烯、聚丙烯、酚醛树脂、氨基树脂。

（4）工程塑料：

广义：凡可作为工程材料即结构材料的塑料。

狭义：具有某些金属性能，能承受一定的外力作用，并有良好的机械性能、电性能和尺寸稳定性，在高、低温下仍能保持其优良性能的塑料。

通用工程塑料：聚酰胺、聚碳酸酯、聚甲醛、丙烯腈-丁二烯-苯乙烯共聚物、聚苯醚（PPO）、聚对苯二甲酸丁二醇酯（PBTP）及其改性产品。

特种工程塑料（高性能工程塑料）：耐高温、结构材料。聚砜（PSU）、聚酰亚胺（PI）、聚苯硫醚（PPS）、聚醚砜（PES）、聚芳酯（PAR）、聚酰胺酰亚胺（PAI）、聚苯酯、聚四氟乙烯（PTFE）、聚醚酮类、离子交换树脂、耐热环氧树脂。

（5）功能塑料（特种塑料）：具有耐辐射、超导电、导磁和感光等特殊功能的塑料，氟塑料、有机硅塑料。

（6）结晶型塑料：分子规整排列且保持其形状的塑料，PE、PP、PA。

（7）非结晶型塑料：长链分子绕成一团（对热塑性塑料）或结成网状（对热固性塑料），

且保持其形状的塑料，PS、PC、ABS。

3　塑料的用途

（1）工业。
（2）农业。
（3）交通运输。
（4）国防尖端工业。
（5）医疗卫生。
（6）日常生活。

4　国内外常用工程塑料商品名称和性能特点

1）ABS 塑料

ABS 塑料的主体是丙烯腈、丁二烯和苯乙烯的共混物或三元共聚物，是一种坚韧而有刚性的热塑性塑料。苯乙烯使 ABS 有良好的模塑性、光泽和刚性；丙烯腈使 ABS 有良好的耐热、耐化学腐蚀性和表面硬度；丁二烯使 ABS 有良好的抗冲击强度和低温回弹性。三种组分的比例不同，其性能也随之变化。

（1）性能特点。ABS 在一定温度范围内具有良好的抗冲击强度和表面硬度，有较好的尺寸稳定性、一定的耐化学药品性和良好的电气绝缘性。它不透明，一般呈浅象牙色，能通过着色而制成具有高度光泽的其他任何色泽制品，电镀级的外表可进行电镀、真空镀膜等装饰。通用级 ABS 不透水、燃烧缓慢，燃烧时软化，火焰呈黄色、有黑烟，最后烧焦、有特殊气味，但无熔融滴落，可用注射、挤塑和真空等成型方法进行加工。

（2）级别与用途。ABS 按用途不同可分为通用级（包括各种抗冲级）、阻燃级、耐热级、电镀级、透明级、结构发泡级和改性 ABS 等。通用级用于制造齿轮、轴承、把手、机器外壳和部件、各种仪表、计算机、收录机、电视机、电话等外壳和玩具等；阻燃级用于制造电子部件，如计算机终端、机器外壳和各种家用电器产品；结构发泡级用于制造电子装置的罩壳等；耐热级用于制造动力装置中自动化仪表和电动机外壳等；电镀级用于制造汽车部件、各种旋钮、铭牌、装饰品和日用品；透明级用于制造度盘、冰箱内食品盘等。

2）聚苯乙烯（PS）

聚苯乙烯是产量最大的热塑性塑料之一，它无色、无味、无毒、透明，不滋生菌类，透湿性大于聚乙烯，但吸湿性仅 0.02%，在潮湿环境中也能保持强度和尺寸。

（1）性能特点。聚苯乙烯具有优良的电性能，特别是高频特性。它介电损耗小（$1 \times 10^{-5} \sim 3 \times 10^{-5}$），体积电阻和表面电阻高，热变形温度为 65 ℃～96 ℃，制品最高连续使用温度为 60 ℃～80 ℃。有一定的化学稳定性，能耐多种矿物油、有机酸、碱、盐、低级醇等，但能溶于芳烃和卤烃等溶剂中。聚苯乙烯耐辐射性强，表面易着色、印刷和金属化处理，容易加工，适合于注射、挤塑、吹塑、发泡等多种成型方法。缺点是不耐冲击、性脆易裂、耐热性和机械强度较差，改性后，这些性能有较大改善。

（2）级别用途。聚苯乙烯目前主要有透明、改性、阻燃、可发性和增强等级别。可用于包装、日用品、电子工业、建筑、运输和机器制造等许多领域。透明级用于制造日用品，如餐具、玩具、包装盒、瓶和盘，光学仪器、装饰面板、收音机外壳、旋钮、透明模型、电信元件等；改性的抗冲阻燃聚苯乙烯广泛用于制造电视机、收录机壳、各种仪表外壳以及多种工业品；可发性用于制造包装和绝缘保温材料等。

3）聚丙烯（PP）

聚丙烯是20世纪60年代发展起来的新型热塑性塑料，是由石油或天然气裂化得到丙烯，再经特种催化剂聚合而成，是目前塑料工业中发展速度最快的品种，产量仅次于聚乙烯、聚氯乙烯和聚苯乙烯而居第四位。

（1）性能特点。聚丙烯通常为白色、易燃的蜡状物，比聚乙烯透明，但透气性较低。密度为 0.9 g/cm^3，是塑料中密度最小的品种之一，在廉价的塑料中耐温最高，熔点为 164 ℃～170 ℃，低负荷下可在 110 ℃温度下连续使用。吸水率低于 0.02%，高频绝缘性好，机械强度较高，耐弯曲疲劳性尤为突出。在耐化学性方面，除浓硫酸、浓硝酸对聚丙烯有侵蚀外，对多种化学试剂都比较稳定。制品表面有光泽，某些氯代烃、芳烃和高沸点脂肪烃能使其软化或溶胀。缺点是耐候性较差，对紫外线敏感，加入炭黑或其他抗老剂后，可改善耐候性。另外，聚丙烯收缩率较大，为 1%～2%。

（2）用途。可代替部分有色金属，广泛用于汽车、化工、机械、电子和仪器仪表等工业部门，如各种汽车零件、自行车零件、法兰、接头、泵叶轮、医疗器械（可进行蒸汽消毒）、管道、化工容器、工厂配线和录音带等。由于无毒，还广泛用于食品、药品的包装以及日用品的制造。

4）聚乙烯（PE）

由乙烯聚合而成的聚乙烯是目前世界上热塑性塑料中产量最大的一个品种。它为白色蜡状半透明材料，柔而韧，稍能伸长，比水轻、易燃、无毒。按合成方法的不同，可分为高压、中压和低压三种，近年来还开发出超高分子量聚乙烯和多种乙烯共聚物等新品种。

（1）高压聚乙烯。高压聚乙烯又称低密度聚乙烯，密度为 0.91～0.94 g/cm^3，是聚乙烯中最轻的一个品种。分子中支链较多、结晶度较低（60%～80%），优点是具有优良的电性能和耐化学药品性能，在柔软性、伸长率、耐冲击性和透明性等方面均比中、低压聚乙烯好。缺点是易透气、透湿，机械强度比中、低压聚乙烯稍差，主要用作电线、电缆包皮、各种注射品、薄片、薄膜和涂层等方面。

（2）中、低压聚乙烯。中、低压聚乙烯又称高密度聚乙烯。

① 中压聚乙烯。中压聚乙烯密度为 0.95～0.98 g/cm^3，是各种聚乙烯中最重要的一种。分子中支链较少，结晶度高达90%，耐热性和机械性能均优于其他聚乙烯，比高压和低压聚乙烯难透气、透湿，还具有优良的电性能积化学稳定性。主要用作电绝缘材料、汽车零件、管道、医用和日用瓶子、各种工业用板材和渔网等。

② 低压聚乙烯。低压聚乙烯密度为 0.94～0.96 g/cm^3，分子中支链较高压聚乙烯少，接近或略高于中压聚乙烯，结晶度达 80%～90%，机械强度和硬度介于中、高压聚乙烯之间，最高使用温度为 100 ℃，制品可进行煮沸消毒；耐寒性好，在−70 ℃仍有柔软性；耐溶剂性比高压聚乙烯好，比高压聚乙烯难透气和透湿；在高温下几乎不被任何溶剂侵蚀，并耐各种强酸（除浓硝酸等氧化性酸外）和强碱的作用；吸湿性很小，有良好的绝缘性能。

（3）超高分子量聚乙烯。分子量为 300 万～600 万，机械强度、抗冲性和耐磨性极佳，加工成型难，一般采用压缩与活塞挤出成型，主要用作齿轮、轴承、星轮、汽车燃料槽及其他工业用容器等。

5）聚酰胺（PA）

聚酰胺塑料商品名称为尼龙，是最早出现能承受负荷的热塑性塑料，也是目前机械、电子、汽车等工业部门应用较广泛的一种工程塑料。

（1）性能特点。聚酰胺有很高的抗张强度和良好的冲击韧性，有一定的耐热性，可在80 ℃以下使用；耐磨性好，作转动零件有良好的消音性，转动时噪声小，耐化学腐蚀性良好。

（2）各品种的特性。聚酰胺品种很多，主要有聚酰胺-6，-66，-610，-612，-8，-9，-11，-12，-1010 以及多种共聚物，如聚酰胺-6/66，-6/9 等。

① 聚酰胺-6。聚酰胺-6 又名聚己内酰胺，具有优良的耐磨性和自润滑性，耐热性和机械强度较高，低温性能优良，能自熄、耐油、耐化学药品，弹性好，冲击强度高，耐碱性优良，耐紫外线和日光。缺点是收缩率大，尺寸稳定性差。工业上用于制造轴承、齿轮、滑轮、传动皮带等，还可抽丝和制成薄膜作包装材料。

② 聚酰胺-66。聚酰胺-66 又名聚己二酰己二胺，性能和用途与聚酰胺-6 基本一致，但成型比它困难。聚酰胺-66 还能制作各种把手、壳体、支撑架、传动罩和电缆等。

③ 聚酰胺-610。聚酰胺-610 又名聚癸二酰己二胺，吸水性小，尺寸稳定性好，低温强度高，耐强碱强酸，耐一般溶剂，强度介于-66 和-6 之间，密度较小，加工容易。主要用于机械工业、汽车、拖拉机中作齿轮、衬垫、轴承、滑轮等精密部件。

④ 聚酰胺-612。聚酰胺-612 又名聚十二烷二酰己二胺，其性能与-610 相近，尺寸稳定性更好，主要用于精密机械部件、电线电缆被覆、枪托、弹药箱、工具架和线圈架等。

⑤ 聚酰胺-8。聚酰胺-8 又名聚辛酰胺，性能与-6 相近，可做模制品、纤维、传送带、密封垫圈和日用品等。

⑥ 聚酰胺-9。聚酰胺-9 又名聚壬酰胺，耐老化性能最好，热稳定性好，吸湿性低，耐冲击性好，主要用作汽车或其他机械部件；电缆护套、金属表面涂层等。

⑦ 聚酰胺-11。聚酰胺-11 又名聚十一酰胺，低温性能好，密度小、吸湿性低、尺寸稳定性好、加工范围宽，主要用于制作硬管和软管，适于输送汽油。

⑧ 聚酰胺-12。聚酰胺-12 又名聚十二酰胺，密度最小、吸水性小、柔软性好，主要用于制作各种油管、软管、电线电缆被覆、精密部件和金属表面涂层等。

⑨ 聚酰胺-1010。聚酰胺-1010 又名聚癸二酰癸二胺，具有优良的机械性能，拉伸、压缩、冲击、刚性等都很好，耐酸碱及其他化学药品，吸湿性小，电性能优良，主要用于制造合成纤维和各种机械零件等。

6）聚碳酸酯（PC）

聚碳酸酯是 20 世纪 60 年代初发展起来的一种热塑性工程塑料，通过共聚、共混和增强等途径，又发展了许多改性品种，提高了加工和使用性能。

（1）性能特点。聚碳酸酯有突出的抗冲击强度和抗蠕变性能，较高的耐热性和耐寒性，可在+130 ℃～-100 ℃范围内使用；抗拉、抗弯强度较高，并有较高的伸长率及高的弹性模量；在宽广的温度范围内，有良好的电性能，吸水率较低、尺寸稳定性好、耐磨性较好、透光率较高并有一定的抗化学腐蚀性能；成型性好，可用注射、挤塑等成型工艺制成棒、管、薄膜等，适应各种需要。缺点是耐疲劳强度低，耐应力开裂差，对缺口敏感，易产生应力开裂。

（2）用途。聚碳酸酯主要用作工业制品，代替有色金属及其他合金，在机械工业上作耐冲击和高强度的零部件、防护罩、照相机壳、齿轮齿条、螺丝、螺杆、线圈框架、插头、插座、开关、旋钮。玻纤增强聚碳酸酯具有类似金属的特性，可代替铜、锌、铝等压铸件；电子、电气工业用作电绝缘零件、电动工具、外壳、把手、计算机部件、精密仪表零件、接插元件、高频头、印刷线路插座等。聚碳酸酯与聚烯烃共混后适合于做安全帽、纬纱管、餐具、电气零件及着色板材、管材等；与 ABS 共混后，适合作高刚性、高冲击韧性的制件，如安全帽、泵叶轮、汽车部件、电气仪表零件、框架、壳体等。

7）聚甲醛（POM）

聚甲醛是 20 世纪 60 年代出现的一种热塑性工程塑料，有均聚和共聚两大类，是一种没有侧链的、高密度、高结晶性的线型聚合物，用玻纤增强可提高其机械强度，用石墨、二硫化钼或四氟乙烯润滑剂填充可改进润滑性和耐磨性。

（1）性能特点。聚甲醛通常为白色粉末或颗粒，熔点为 153 ℃～160 ℃，结晶度为 75%，聚合度为 1 000～1 500，具有综合的优良性能，如高的刚度和硬度、极佳的耐疲劳性和耐磨性、较小的蠕变性和吸水性、较好的尺寸稳定性和化学稳定性、良好的绝缘性等。主要缺点是耐热老化和耐大气老化性较差，加入有关助剂和填料后，可得到改进。此外，聚甲醛易受强酸侵蚀，熔融加工困难，非常容易燃烧。

（2）用途。聚甲醛在机电工业、精密仪表工业、化工、电子、纺织、农业等部门均获广泛应用，主要是代替部分有色金属与合金制作一般结构零部件，耐磨、耐损耗以及承受高负荷的零件，如轴承、凸轮、滚轮、辊子、齿轮、阀门上的阀杆、螺母、垫圈、法兰、仪表板、汽化器、各种仪器外壳、箱体、容器、泵叶轮、叶片、配电盘、线圈座、运输带和管道、电视机微调滑轮、盒式色磁带滑轮、洗衣机滑轮、驱动齿轮和线圈骨架等。

8）聚砜（PSU）

聚砜是 20 世纪 60 年代出现的一种耐高温、高强度热塑性塑料，被誉为"万用高效工程塑料"。它一般呈透明、微带琥珀色，也有的是象牙色的不透明体，能在限宽的温度范围内制成透明或不透明的各种颜色，通常应用染料干混法而不能用颜料干染。

聚砜可用注射、挤塑、吹塑、中空成型、真空成型、热成型等方法加工成型，还能进行一般机械加工和电镀。

（1）性能特点。

① 耐热性能好，可在−100 ℃～+150 ℃的温度范围内长期使用。短期可耐温 195 ℃，热变形温度为 174 ℃（1.82 MPa）；

② 蠕变值极低，在 100 ℃、20.6 MPa 负荷下，蠕变值仅为 0.5%；

③ 机械强度高，刚性好；

④ 优良的电气特性，可在−73 ℃～+150 ℃的温度下长期使用，仍能保持相当高的电绝缘性能。在 190 ℃高温下，置于水或湿空气中也能保持介电性能；

⑤ 有良好的尺寸稳定性；

⑥ 有较好的化学稳定性和自熄性。

（2）成型和使用上的缺点。

① 成型加工性能较差，要求在 330 ℃～380 ℃的高温下加工；

② 耐候及耐紫外线性能较差；

③ 耐极性有机溶剂（如酮类、氯化烃等）较差；

④ 制品易开裂。

加入玻纤、矿物质或合成高分子材料，可改善成型和使用性能。

（3）用途。聚砜主要用作高强度的耐热零件，耐腐蚀零件和电气绝缘件，特别适用于既要强度高、蠕变小，又要耐高温、高尺寸准确性的制品，如作精密零件、小型的电子、电器，航空工业应用的耐热部件、汽车分速器盖，电子计算机零件、洗涤机零件、电钻壳件、电视机零件、印刷电路材料、线路切断器、电冰箱零件等。此外，还可用作结构型黏结剂。

9）聚苯醚（PFO）与氯化聚醚（CPS）

（1）聚苯醚。聚苯醚机械特性优于聚碳酸酯、聚酰胺和聚甲醛，一般呈琥珀色透明体，在目前生产的热塑性塑料中玻璃化温度最高（210 ℃）、吸水性最小，室温下饱和吸水率为0.1%。

① 性能特点。使用温度范围宽。长期使用温度范围为−127 ℃～+121 ℃，在无负荷条件下、间断使用温度可达 205 ℃，当有氧存在时，从 121 ℃～438 ℃逐渐交联，基本上为热固性塑料；

具有突出的机械性能，抗张强度和抗蠕变性、尺寸稳定性最好；

耐化学腐蚀性好。能耐较高浓度的无机酸、有机酸及其盐类的水溶液，在 120 ℃水蒸气中可耐 200 次反复加热；

优良的电性能。在温度和频率变化很大的范围内，绝缘性能基本保持不变；

耐污染、耐磨性好，无毒、难燃、有自熄性。

② 缺点。熔融黏度大、流动性差，成型加工比一般工程塑料困难；

制品内应力大、易开裂。

通过与共聚物共混、玻纤增强、聚四氟乙烯填充等多种途径进行改性，可改善其内应力及加工性能。

③ 掺混机械接枝改性方法。改性方法通常是聚苯醚树脂的嵌段、接枝共聚、增塑、掺混机械接枝等，以掺混机械接枝最能符合各方面的要求。实例如下：

聚苯醚粉（$\eta=0.51$）300 g

聚苯乙烯 300 g

顺丁橡胶 33 g

聚乙烯 6 g

二氧化钛 12 g

以上物料预混后，在开启式塑炼机上进行塑化拉片，然后切粒放料。

④ 用途。聚苯醚主要用于制造电子工业中的绝缘件、耐高温电器结构零部件，并可代替有色金属和不锈钢做各种机械零件和外科手术用具，如绝缘支柱、高频骨架、各种线圈架、配电箱、电容器零件、变压器用件、无声齿轮、轴承、凸轮、运输设备零件、泵叶轮、叶片、水泵零件、水箱零件、海水蒸发器零件、高温用化工管道、紧固件、连接件、电机电极绕线芯、转子、机壳等。此外，它还可作耐高温的涂层与黏合剂。

（2）氯化聚醚（聚氯醚）。

氯化聚醚是 20 世纪 50 年代末出现的一种具有突出化学稳定性的热塑性工程塑料，通常呈草黄色半透明状,机械性能处于聚乙烯和尼龙之间,电性能类似于聚甲醛,耐腐蚀性仅次于聚四氟乙炳、难燃、可注射、挤出、吹塑和压制加工成各种制品,有较好的综合性能。

① 性能特点。除化学稳定性很突出之外,还有优异的耐磨性和减摩性,比尼龙、聚甲醛好;吸水率小。在室温下 24 h 的吸水率仅 0.01%;玻璃化温度较低,制品内应力能自消,无应力开裂现象,适用于金属嵌件与形状复杂的制品;有较好的耐热性,可在 120 ℃下长期使用。缺点是刚性和抗冲强度较差。

② 用途。氯化聚醚可代替部分不锈钢和氟塑料,应用于化工、石油、矿山、冶炼、电镀等部门作防腐涂层、储槽、容器、反应设备衬里、化工管道、耐酸泵件、阀、滤板、窥镜和绳索等,代替有色金属与合金作机械零件、配件和仪表零件等,还可用作导线绝缘材料和电缆包皮。

10)聚对苯二甲酸丁二醇酯(PBTP)

聚对苯二甲酸丁二醇酯是国外 20 世纪 70 年代发展起来的一种具有优良综合性能的热塑性工程塑料。它熔融冷却后,迅速结晶,成型周期短,厚度达 100 μm 的薄膜仍具高度透明性。

(1)性能特点。成型性和表面光亮度好,韧性和耐疲劳性好,适宜注射薄壁和形状复杂制品;摩擦系数低、磨耗小,可做各种耐磨制品。

吸水率低、吸湿性小,在潮湿或高温环境下、甚至在热水中,也能保持优良电性能。

耐化学药品、耐油、耐有机溶剂性好,特别能耐汽油、机油和焊油等。能适应黏合、喷涂和灌封等工艺。

用玻纤增强可提高机械强度、使用温度和使用寿命,可在 140 ℃以下作结构材料长期使用。

可制成阻燃产品,达到 UL-94V-0 级,在正常加工条件下不分解、不腐蚀机具、制品机械强度不下降,并且使用中阻燃剂不析出。

(2)用途。电子工业中主要用于电视机行输出变压器、调谐器、接插件、线圈骨架、插销、小型发动机罩、录音机塑料部件等。

11)丙烯腈-苯乙烯共聚物(AS)

AS 是丙烯腈(A)、苯乙烯(S)的共聚物,也称 SAN。

(1)性能特点。

① 粒料呈水白色,可为透明、半透明或着色成不透明。AS 呈脆性,对缺口敏感,在 -40 ℃~+50 ℃温度范围内抗冲强度没有较大变化。

② 耐动态疲劳性较差,但耐应力开裂性良好,最高使用温度为 75 ℃~90 ℃,在 1.82×10^6 Pa 下热变形温度为 82 ℃~105 ℃。

③ 体积电阻 $>10^{15}$ Ω·cm,耐电弧好,燃烧速度 2 cm/min,燃时无滴落。

④ 具中等耐候性,老化后发黄,但可加入紫外线吸收剂改善。AS 性能不受高湿度环境的影响,能耐无机酸碱、油脂和去污剂,较耐醇类而溶于酮类和某些芳烃、氯代烃。

⑤ 粒料在加工前需在 70 ℃~85 ℃下预干燥,在 230 ℃、49 N 载荷下熔体指数为(3~9)$\times10^{-3}$ kg/10 min。注射成型温度 180 ℃~270 ℃、注射模温 65 ℃~75 ℃、收缩率 0.4%~0.7%、挤塑温度 180 ℃~230 ℃,能吹塑,片材也能进行小拉伸比的热成型。

(2)用途。AS 制品能用作盘、杯、餐具、冰箱部件、仪表透镜和包装材料,并广泛应用于制作无线电零件。